无印良品的设计

设计

日经设计 编

袁璟 林叶 译

广西师范大学出版社
· 桂林 ·

前言

　　无印良品为何能得到全世界的热爱——关于这个问题的答案，估计见仁见智，不尽相同吧。有人也许会说"因为设计得很简单"、"确保最低要求的功能就好"，也有人说"因为很环保啊"、"品质很好"，等等。这些答案都对，但任何一个答案都无法道尽无印良品备受推崇的理由。

　　在谈论无印良品的时候，针对个别产品及其设计来进行讨论的话，那也许就错了。无印良品的本质在于包含了所有那些设计、品质等的"思想"本身。堤清二先生与田中一光先生是极为少见的经营者与创意人的组合，他们想要在时代变迁中坚守的那些价值观和审美意识，则成为了一个核心思想，依据这样的思想诞生的产品集合体，我们可以将其称为"无印良品"。

　　他们所追求的正是终极的"这样就好"。无印良品成其所在正是这个"就"，而并非提倡"这样是好的"，这个"就"字透出的是一种克制的选择。但是，这绝不是无奈放弃的选择，而恰恰是充满自信的选择。"就"道出的是最低限度便能提供充分满足的价

2

值，这就是终极的"这样就好"。正因为这样的思想引起了很多人的共鸣，才使得无印良品不仅在日本，更在世界范围内得到支持。

本书试图从设计的角度考察无印良品成功的秘密。从"产品设计"、"传播设计"、"店铺设计"等主题切入进行各种各样的考察，最重要的是，理解无印良品根基中的思想。四位顾问的访谈对本书的最终编辑完成也提供了很大的帮助。作为无印良品的支柱，他们的话应该能让读者更好地了解无印良品成功的奥秘。

由各个领域里首屈一指的人物组成的顾问委员会为无印良品提供支持，这种阵容在其他企业中是从未见过的，是一种独特的组织结构。"经营"与"设计"，二者之间始终保持恰好的距离，携手共进，这也正是无印良品不断发展的原动力。如果读者能从本书中获得某种启发，并理解设计在经营中所发挥的作用的话，那就是我们最大的幸福。

[日经设计编辑部]

目录

本书内容包含"日经设计"过往新闻报道，并进行增补、修订，再编辑而成。
过往新闻报道如下：

第 1 章

产品设计

無印良品　無印

简洁朴素，

并经过缜密计算，

除日本之外，

也得到来自世界的热爱。

无印良品的设计，从何而来？

用图解揭示无印良品商品开发流程

被评价为"无设计"[No Design]、"简单"[Simple]的无印良品设计。
其实，其企业战略、商品开发都与杰出的设计师密切相关，
并由此创造出获得全世界青睐的设计。

简单并具功能性，摒除一切多余而呈现的美……无印良品的商品从不动摇。为什么它能够不为流行所左右，总是不断地创造出标准的"MUJI式"的商品呢？要探寻这个问题的答案，我们不能停留在商品开发的流程中，而要往上寻找，探究其隐藏在企业经营架构中的原因。

作为无印良品的打造者，良品计划公司在确立企业方向上，"顾问委员会"发挥了重要作用。所谓顾问委员会，是为了保持品牌理念，由公司外部的设计师构成的组织。现阶段的委员包括平面设计师原研哉、创意总监小池一子、产品设计师深泽直人和室内设计师杉本贵志这四名成员。每个月，四位顾问以及金井政明董事长以下的主要管理人员都会汇聚一堂，举行一次"顾问委员会例会"。

这个会议并不是为了进行某项具体决策而召开的，而是除了公司事务以外，对世界上出现的趋势和事件投以关注并进行讨论，提出自己感到有疑惑的问题等，基于日常的工作生活

2014年开始销售以电冰箱为首的厨房家电系列，关注以亚洲为中心的国际化市场，目标是提供简单、耐用、"像锅釜一样的家电"。无印良品的产品制造是由拥有相同价值观的顾问委员会和追求"无印风格"的热心顾客共同支撑的。

中发现的问题，参会者可以自由发表自己的意见和感想。

像这样不断重复的讨论，即便没有得出确定的结论，与会人员也能够在这种氛围中，分享自己在社会中的作用以及值得努力的方向。于是，顾问委员会带来的信息，便会在公司的三年计划中得以体现。

每周例行的细节确认

顾问委员会成员每个人都有其相应的专业领域。因此他们各自都会积极参与到更为具体的产品或服务的制造环节中。例如家电及生活杂货这个领域，就与深泽先生有着密不可分的关系。

那么，具体来说，商品的开发要经历哪些环节呢？从准备开发到最终确定为止的这段期间，要召开三次"样品研讨会"。第一次会议的目的在于确定品种、商品构成及对策，实际操作时，有时会有商品的图样，还有与其他公司合作的说明等。第二次会议上则会用发泡材料制成的模型，展示具体的设计方向。第三次会议是针对最后的量产环节，制作实际大小的家电模型，并按照设计图样完成所有能够制作的部分。研讨会上也会严格审查商品的整体统一性。

另外，深泽先生还会在每周五亲自到公司，对正在开发的商品进行确认，并预留充分的时间作出指示或接受相关的咨询。就这样，在家电和生活杂货这一领域，从产品理念的创立开始，直到批量生产的各个环节，深泽先生始终细致入微地进行监督。有时候，他还会亲自过问商品展示用具的设计这种与销售相关的问题。

深入现实生活进行观察

然而，在着手进行实际开发之前，必须先弄清楚"什么样的商品才是人们需要的"这个问题。在良品计划的框架内，有各种各样的渠道能够听取顾客的意见。此外，也可以通过一般的市场调查及监控调查掌握顾客需求，并成为商品开发的起点。另一方面，根据深泽先生的提案启动的商品开发也为数不少。

商品开发的缘起多种多样，但其中最受重视的调查方法便是"Observation"[观察]。正如字面意思的"观察"，商品企划的负责人和设计师等与商品开发相关的人员，会亲自拜访生活者的家，观察商品是如何被使用的。这种"观察"作为设计思考的一种工具同样备受瞩目。

"为了能够有效地进行观察，很重要的一点便是，由不同领域的人才组成一个团队。"生活杂货部门负责电子及户外产品的经理大伴崇博这样说明。例如，2014年年初所进行的观察调查，便是以三人一组的形式建立了数个团队，分别拜访了不同的家庭。大伴经理与负责家居用品的设计师、纺织面料的采购组成了团队。每个团队都会带着好几个主题拜访这些家庭，比如洗脸盆等用水处的状态、寝室的收纳、手表及钥匙的摆放处，等等，观察物品如何被使用，向主人询问自己所注意到的事情与问题。"并不仅仅只是看一个一个的物件，重要的是通过与住在这里的人聊天，感受他们的生活气息。"大伴经理这样说道。

他还说道："如果是由相同领域的人组成的团队，那么大家关注的点和观察认知总会趋同。"而不同领域的人才组成一个团队，就能够以更为广阔的视角获得观察认知。

用肌肤感受生活的氛围

此外，要拜访的家庭最好是亲戚或者朋友这种有着亲密关系的家庭。因为如果关系不那么亲密，那么主人自然就会在意他人的眼光，在观察之前无论如何都会整理收拾屋子。这样一来，生活原本自然的样子就消失了。

直到无印良品的商品问世为止

顾问委员会会议

顾问委员会成员 4 名

董事长·管理层

每月一次

不寻求结论。对于公司内外值得关心的事物广泛地发表意见并相互交流。这个会议是一个价值观交流共享的场所。

金井政明 董事长

3 年商品计划

年度计划

观察

商品开发的相关人员，亲自拜访生活者家庭，观察物品的使用状况。虽然这种调查方法作为开发商品的正式程序没有多久，不过今后将成为重要的调查方法。

无印良品的使用者中，有很大一部分人会积极地对商品表达自己的意见和不满，这些声音通过多个渠道被收集起来。

※ 上图主要是生活杂货的商品开发流程 [根据采访内容由日经设计绘制]

无印良品的商品开发流程是非常独特的。

生活杂货的产品开发，在深泽直人每周例行的检查及建议的基础上，

召开三次样品研讨会。

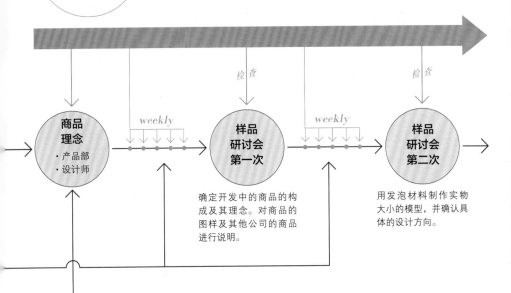

除了商品开发过程中里程碑式的三次样品研讨会，深泽先生每周五也都会到公司，检查开发中的商品，并提供建议。

深泽先生
主导的每周
例行检查
及建议

检查

检查

weekly

weekly

商品
理念
·产品部
·设计师

样品
研讨会
第一次

样品
研讨会
第二次

确定开发中的商品的构成及其理念。对商品的图样及其他公司的商品进行说明。

用发泡材料制作实物大小的模型，并确认具体的设计方向。

顾客的需求

店铺	与顾客直接接触的店员，通过"顾客观点调查表"收集顾客的声音

网页及电话	生活良品研究所 顾客中心	通过网页收集顾客意见及需求的"生活良品研究所"，还有咨询窗口的"顾客中心"

各种调查	与调查公司合作进行一般的市场调查

监控调查	主要为了对商品进行改良，收集人们实际使用之后的意见

MDS

零售·仓储的简称。在
公司内部首次公开的场
合，作出最终的许可。

MDS

[董事长·管理层
·部课长]

年度计划

最终 决定

检查

weekly

**样品
研讨会
第三次**

制作实物模型，进行至
图纸化之前的阶段

weekly

展示会

·新闻媒体
·店长

面向全国的店长及新闻
媒体首次公开

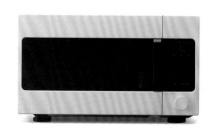

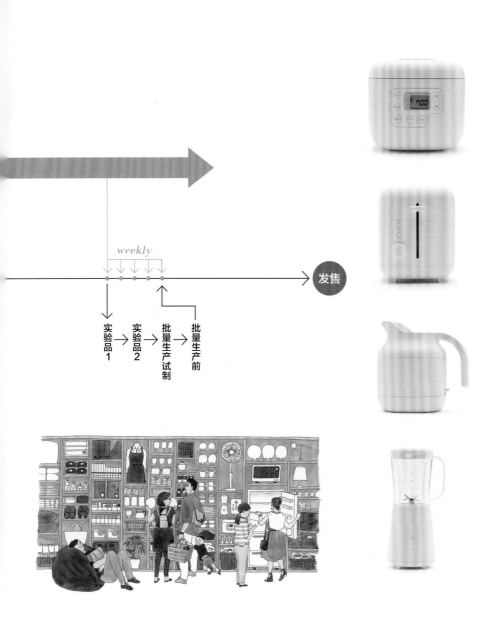

weekly

发售

实验品1 → 实验品2 → 批量生产试制 → 批量生产前

●观察调查的实施实例

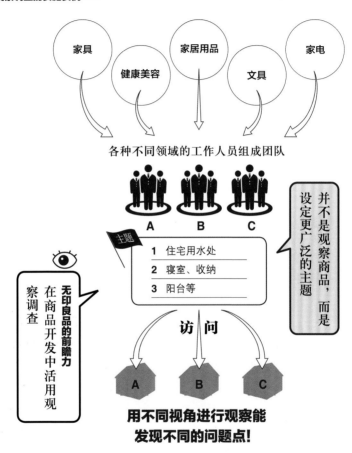

各种不同领域的工作人员组成团队

无印良品的前瞻力
在商品开发中活用观察调查

并不是观察商品，而是设定更广泛的主题

主题

1 住宅用水处
2 寝室、收纳
3 阳台等

访问

用不同视角进行观察能
发现不同的问题点！

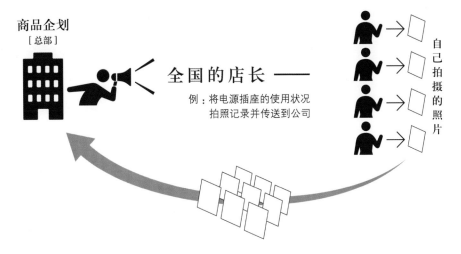

商品企划
[总部]

全国的店长 ——

例：将电源插座的使用状况
拍照记录并传送到公司

自己拍摄的照片

作为观察调查的补充，还有一个方案便是由全国的店长提供协助，收集相关的实例照片。例如，呼吁全国的店长拍摄自己家中的电源插座，传送给公司总部。虽然这个方法不能像走访调查那样可以感受到实际生活的氛围，但是这么做却能够收集到更多的实例。像电源插座那个方案，就收集了约 100 张照片。从这些照片中，就会发现有很多家庭的电源插座是搭在床头板上，就这样悬在空中使用。

那么，难道就没有使用起来更方便、看上去也更巧妙的商品吗？现在，新的商品已经在研发了。

有些商品在实际使用中可能会出现连开发者都没想到的用法，而这也成为了新商品开发的线索。观察调查的运用现在才刚刚开始，今后，从调查中获得的启示将被活用到产品开发中，将来也许有越来越多"无印式"产品诞生。

变化中的无印良品厨房家电

2014年春，无印良品开始发售厨房家电的全新系列。
这是以世界市场为目标而开发的新系列，
实现了无印良品所思考的家电"应有的样子"。

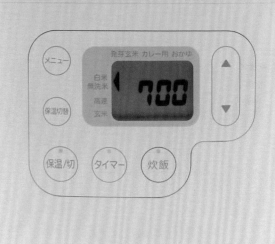

电饭锅附带的饭勺应该如何摆放，这个问题出乎意料地让人感到头疼。许多电饭锅的顶部都是被设计成圆弧形，因此饭勺很难放在上面。而无印的电饭锅将顶部设计改成平面，这样饭勺就可以放在顶盖上，并把操作按钮设置在前面。

自 2014 年 3 月 6 日起，无印良品陆续开始销售厨房家电的全新系列。电冰箱、微波炉、电烤箱、弹出式烤面包机、电饭锅、电热水壶、搅拌机等共 11 种家用电器面世。从 2012 年冬天启动的商品开发，其缘起之一，便是顾客强烈希望能够再次销售电冰箱。到 2007 年为止，无印良品的商品阵容中，一直都是有电冰箱的，就是第 24 页照片里的那种把手设计简洁的电冰箱。但是，由于委托生产的制造商废弃了这条生产线，使得销售难以维系。不过从那以后，不断有顾客前来咨询，期望能够重新发售。停止销售了几年之后，每周仍有一两位顾客建议重新开售电冰箱，这让无印良品了解到了强烈的潜在市场需求。

而另一方面，顾问委员会的深泽先生，从产品设计师的立场出发，也体察到日本家电业所面临的困境。随着中国及韩国家电制造商的崛起，日本家电业呈现出一股低迷的态势，制造商们希望通过提高产品性能来进行差别化竞争。然而，深泽先生却提出"提高产品性能是不能给制造商和用户带来幸福的竞争手段"。一方面，生活家电的纯利润原本就不高，制造商不得不削减用于产品开发的资金，而另一方面，消费者也并不一定会将产品的高性能视作必要，有不少用户并不会

左起：弹出式烤面包机、附饭勺电饭锅 [0.3L]、榨汁机 [具研磨功能]、电热水壶、直立型电烤箱、微波炉 [19L]

追随高性能的产品。

"家电是家庭生活的用具。其实只要是跟锅釜等用具同属一个范畴的家电就足够了。"抱持着这样的想法，深泽先生直接向良品计划的金井政明总经理 [当时] 建议，"要不试试重新调整无印良品的家电商品？"他的提案报告并没有大费周章，只有用来说明想法的一些简单资料，以及几分钟时间的对话，马上就得到了批准。"像这样的快速决策，只有在组织结构简单的良品计划才有可能实现。公司的整体环境让设计师能够与公司高层直接对话，而且这种对话不需要通过任何麻烦的程序，设计师一有主意可以马

上直接打电话。这样的企业在日本真的很少呢。" [深泽先生]

有海外拓展的加速度作支持

无印良品加速拓展海外事业也为新系列的家电开发提供了可能性。无印良品在中国国内已经拥有 100 家 [当时] 店铺。预计到 2017 年为止，海外的店铺总数将高于日本国内的店铺数量。

一直以来，无印良品的产品制作都是与日本国内的工厂进行交涉，利用它们的部分生产线，按照无印良品的规格来制造产品。但是，随着产品制造逐渐迁移至海外，能够接受这种订单的日本国内工厂也越来越少。而

如果通过国内的制造商委托海外工厂进行生产的话，那么就会被赚取相应的中间利润，这很容易导致高价位的商品出现。

墙壁化的家电、剩余的家电

然而如今，随着海外制造商的生产技术不断提升，直接委托他们进行生产制造也逐渐成为可能。当然，一定数量的批次生产还是必要的条件，不过，因为无印良品加快了在亚洲市场的发展，店铺数量的增加也正好需要大批量的生产。这次家电产品开发的背景之一，就是这样的产品制造环境已经非常完备。

那么，所谓"锅釜一样的家电"，究竟是指什么样的家电呢？

深泽先生这样说道："随着科技的进步，人们的生活也越来越井井有条。

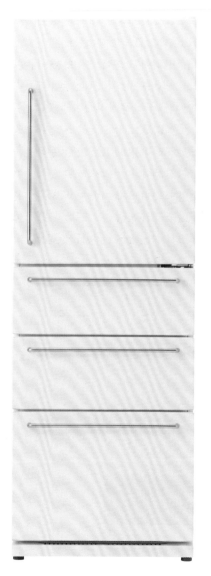

电冰箱是放置在离墙壁较近的地方，因此采用了方形、简洁的外观设计。冰箱的把手是简单的圆棒，上半部分纵向把手的延长线，与下半部分横向把手的起始端对齐，呈现出端正宁静的氛围。

其中，家电产品逐渐呈现'墙壁化'的趋势。"例如，以前在客厅中央占据很大空间的电视机，如今已经可以挂在墙壁上。空调、照明，等等都能嵌入墙体，表面上根本感觉不到它们的存在。结果，留在桌子上的，便都是些只有简单功能的、"用具"一般的厨房家电了。

在这样的家电进化的过程中，接近墙壁的家电就被设计成与房间贴合的方形，而接近人的家电则被设计成与人体呼应的圆弧形，这是深泽先生的观察判断。于是，这次的厨房家电也同样将靠近墙壁的电冰箱和微波炉设计成方形，而在手边使用的电热水壶和电饭锅等则设计成圆弧形。

类似锅釜这样的用具，没有人会关心是谁设计的，它们自然地融入生活中，默默地待在那儿。无印良品的家电也是如此，与周围的一切相互融合，静静伫立。从这样的场景中，可以看到类似"这样就好"、"恰到好处"这种日本古已有之的、"不断进行削除的减法美学"[生活杂货部门的电子·户外产品经理大伴崇博]。

新的厨房家电系列反响强烈，从2014年3月上旬到同年度8月上旬，已经比上一年同比增长60%的销售额[与旧款商品比较]。特别是电冰箱的销售额与前年同时期相比增长了将近4倍。

这些家电，没有进行本土化的调整，而是以统一规格在世界各地进行销售。没有丝毫强势，低调而有力地告诉人们："无印良品通过家电设计，始终在思考丰富的生活究竟是什么。"这些设计也就成为了传播的工具。

陷入价格竞争，涉足家电便毫无意义

顾问委员会成员深泽直人，
谈家电产品开发的背景。
推动无印良品特有的全球设计战略。

日经设计 [以下简称为 ND]：首先想请教深泽先生在良品计划中担当的职责。

——[深泽] 对于良品计划而言，我主要担任三种职责。

其中一个就是担任顾问委员会的成员，每个月会有一次与良品计划的金井会长及其下属，也就是高级管理层的各位召开会议，就各种各样的主题进行讨论。顾问委员会由四位成员组成，各自负责不同的专业领域，我主要负责与产品相关的事务。有些课题是良品计划提出，大家一起进行讨论，而有时候我也会就今后的发展对策作出提案，或者对于我认为很重要的问题等发表意见。就这样，良品计划和顾问委员会双方会各自带着主题参加会议，对彼此的考量进行确认。

第二个职责便是对良品计划的产品进行整体的设计监管。我会针对采购及公司内部的设计师所正在进行的产品开发，提出意见并根据设计的整体方针提出建议。

第三个职责则是考虑商品自身具体的设计。有的时候，我也会提出自己的企划案。

从这三个职责来看，这次家电产

深泽直人 ● 1956 年生于日本山梨县。1980
年毕业于多摩美术大学产品设计学科。1989
年赴美，进入美国 IDEO 公司。1996 年出任
美国 IDEO 东京分公司总经理。2003 年设立
NAOTO FUKASAWA DESIGN。除了担任多
摩美术大学综合设计学科教授之外，还曾担任
2010 年度至 2014 年度 GOOD DESIGN 的评
审会主席，现为日本民艺馆第五代馆长。

[拍摄：丸毛 透]

产品设计师

深泽直人

品的开发项目可以说是良品计划的观点与我的提案达成一致的前提下，才得以实现的。

ND：为什么会想要对家电产品进行重新设计？

——最近这两三年，日本的家电产业其实面临着极为严峻的局面。这并非生产技术低下所导致，而是海外制造商的生产品质提升，再加上全球化生产带来的价格竞争，让日本家电产业的优势无法突显。而同时还有一些反馈的声音认为，对于新兴国家的市场而言，单一功能的产品就足够了。这也让我感到家电产品已经越来越接近生活杂货类商品了。

如果是这样的话，那么生产生活杂货的企业是不是可以开发其所特有的家电产品呢？这个问题，在这之前我就一直在考虑。但是，为了保证品质良好而委托国内的工厂进行生产的话，便必然会提高生产成本，这样就无法以无印良品所希望设定的价格出售了。

现在，由于海外制造商的生产技术大幅提升，相对低廉的生产成本得以实现，这个问题也就迎刃而解了。这样就可以按照无印良品一贯坚持的价位进行销售了。在无印良品的店铺而不是在家电大卖场出售家电的整体环境已经相当成熟了。

为了能够使价格保持稳定，不仅

"统一进行设计，
以制造出面向全世界的标准产品为目标。"

深泽直人

是在国内市场，估计也应该将销量极大的海外市场纳入思考范畴，重新进行规划。刚好那段时期公司已经开始进入亚洲及中国等地的市场，所以这个项目从一开始就是以全球市场为目标的。因此，并没有采用国别式的开发体制，而是以开发全世界的标准产品为目标，每个产品都进行了统一的设计。

ND：无印良品开发的家电产品与其他公司的有何不同之处呢？

——现在，家电其实已经成为像锅釜一般的日常用品了，我甚至认为如果它不实现这样的转化，也许就要被淘汰了。

像空气净化器、空调这样复杂的家电，今后会像墙壁一样，成为住宅建设的一部分，朝一体化方向发展吧。还留在桌子上的那些家电，就像是"用具"一样，展现在人们眼前，这部分应该仅限于单一功能且经常会被使用的家电吧。

就拿吐司面包来说，它的大小基本保持不变，因此烤面包机当然也不可以小于面包的尺寸，必须恰好保持与吐司相同的大小，这一点是不能改变的。像这样的家电，便是无印良品应该开发的产品。

从这一点出发，尽量去除多余的功能，只保留必要的，希望可以以适当的价位将产品提供给顾客。这样的家电在全球市场上应该有一定的需求量，并且不会陷于价格竞争之中。

ND：也就是说，不以功能争胜负，对吗？

——如果以功能来定胜负的话，那么家电产品便会趋同，最终只能发展成价格战。这样的话，谁都无法获利。最近，甚至还出现了锅釜的价格反而高于家电产品的实例，因此如果陷入价格战的话，那么无印良品开发家电产品就显得没有意义了。

与家电制造商的产品相比较的话，也许我们的家电产品甚至会给人一种不起眼的印象。而如果要让产品在家电大卖场显得非常突出的话，那对制造商来说，就必须要将外观做得亮丽。把这些电器摆在自己家的厨房，由于各个厂家的设计各不相同，反而会让人感觉乱七八糟的。

无印良品的家电产品是以同样的设计进行开发的，因此即便全部放在厨房里，整体感觉也会非常统一。这些产品只在无印良品的店铺出售，在展示方式上也可以做更多努力。如果能够在这些层面上有所要求，这些产品才会派生出新的附加价值吧。

当然，对于家电产品，我们同样要求它具备无印良品特有的风格。乍见非常简单的外观，仿佛没有经过设计似的，其实是花了很大力气进行设计。形状等一些非常细微的地方，都经过了严格的审查。像这种以设计为中心的产品开发，其实，设计要比强调功能来得更为棘手。实际上，在这个问题上，已经与委托生产的工厂有过好几次争执了。

ND：要让设计师的视角在经营中发挥作用，怎么做比较好呢？

——作为经营者的"大脑"，设计师不能仅仅提供创意或意见。即便是对运营及商品发表意见，也必须尽可能地将这些建议具体化地呈现出来。

是设计师的话，应该非常善于将事物视觉化，马上就能将问题具象化了吧。但是，在描绘画面的时候，不能中途作罢，而是要画到最后那条"线"，以整体的图像进行明确的建言。这样的话，经营者就能充分理解了。

大多数经营者也许会认为，设计师无法理解以数值呈现的事实，其实并非如此。如果将设计师作为经营者的顾问，充分发挥他们的优势，许多日本企业应该可以成长得更好吧。

无印良品的设计不断拓展

3D打印机拓展的崭新可能

利用3D打印机，无印良品的设计实现了"Plus One"的效果，
新商品的开发也因此蠢蠢欲动，
正因为是简朴且具普遍性的设计才拥有拓展的可能。

在活用 3D 打印机提供独特服务的案例中，设计公司 TAKT PROJECT 对物品制作的崭新可能发起了挑战。将 TAKT PROJECT 原创开发的零件，添加到既有商品中，一种全新的商品就这样被创造出来了。而 TAKT PROJECT 则将那个零件在网上以 3D 数据的形式提供，使用者只需用 3D 打印机进行输出，就可以组装出新商品。

这不仅关系到新市场的形成。由于它只是提供 3D 数据给顾客，所以就可以避免零件的仓储问题，而且能从网络上迅速掌握畅销商品的数据，从而可以获得更多的益处。TAKT PROJECT 将这次的尝试称为"3-PRING PRODUCT"。

为了让那些原有的透明盒子与木制圆棒相互之间能够连接，重新开发制作的三种绿色零件。

[照片：林 雅之]

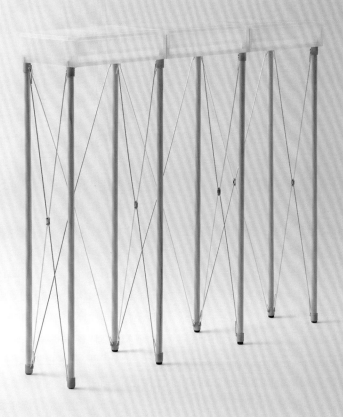

在圆棒顶端插入绿色零件，并与透明盒子的下方相连接。再利用金属制品加强整体强度，崭新的盒子便制作完成了。

[照片 : 林 雅之]

同样的塑料容器因零件而改头换面

透明盒子与木制圆棒是良品计划的"无印良品"产品普遍使用的材料，为了将它们连接在一起而新开发的绿色零件便是一个好案例。由于增加了这样的零件，让制作新式的、可以当作桌子或底座使用的盒子成为了可能。

下一页里所能看到的是蓝色小零件的开发案例。多个塑料盒子用这个小零件连接后，就能制作出更加易于整理的架子。

透明的塑料容器中，配上第39页那张照片中的红色零件，还可以变身成为"灯罩"，接上LED灯之后，开灯就可以看见一款独特的塑料灯了。

而且，即便是同样的容器，将黄色和蓝色的零件与容器搭配使用的话，就能够让多个容器堆叠起来。比起单个容器，在使用上会更加便捷，转变成也适合在室内布置的新容器。

此外，简洁的台钟配上原创的支架零件之后，就像是新的台钟一般，还有则是将原创的套子覆盖上普通的音箱，它们于是变得五彩缤纷。

任何一个案例都是将既有的商品当作一个零件或素材，利用3D数据提供的新零件，创作全新的商品，这是它们共同的特征。零件的颜色可以按照使用者的要求改变。选择各式零件对既有的商品重组，使其如重生一般，这可以说是真正的"Sampling Product"。

在展示会的参观者中反响强烈

"3D打印机是一种新的运动，蕴藏了创造新型市场的极大可能性，而如今尚未达到具体实施的层面。不过希望使用3D打印机制作新产品，能为今后的产品形态提供方案。"TAKT PRODUCT的董事长吉泉聪如是说。

说到既有的商品，首先想到的便是对无印良品的通用商品进行开发，

为了既有的塑料盒子特别开发制作的
蓝色小型零件

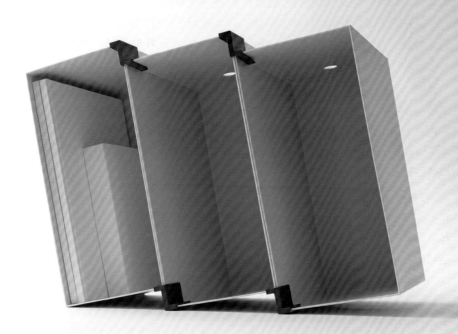

利用蓝色小型零件连接多个塑料盒子，便制成了收纳多种物品的大尺寸盒子。

[照片：林 雅之]

并依据这些商品的规格设计原创零件。当然，TAKT PROJECT 并非仅仅针对无印良品的商品进行研发，但是从一开始就选用无印良品的商品作为题材，这一点恰好证实了无印良品设计所具有的普遍性吧。

3D 数据是用 Solid Works 公司的产品制作的。以 IGES 及 STEP 等标准格式制作的 3D 数据让使用者运用起来更为便利。

已经有一部分网站可以下载商品的 3D 数据，不过目前还是停留在个人开发的商品上，真正地作为商品制造贩售的实例依然很少。

"由于是在网站上提供 3D 数据的销售形式，使用者可以在网上对产品进行评论，他们相互之间也形成了一个共同的社群，这样一来，我们便能从中探寻潜在的需求。今后应在网上提供哪类 3D 数据，等等，对于这些问题，目前仍处在一个不断研究未来战略的阶段，不过，活用 3D 数据势必能创造大好良机，这一点是确凿无疑的。"吉泉聪满怀期待地这样说道。

事实上，今年春天在东京涩谷举办的以 "3-PRING PRODUCT" 为主题的展示会上，参观者对产品的反响非常热烈，可以说已经获得了来自消费者切实的响应。

然而，还是有些课题尚待解决。比如即便将 3D 打印机的出品作为新商品生产出来，还是无法避免会有超出许可范围的使用方法；又或者由于用作输出的 3D 打印机不同，商品的强度等无法保证的情况也会有发生。

有些什么样的需求、应该选择什么样的既有商品加上怎样的零件、会生产出怎样的新商品等，TAKT PRODUCT 在不断探寻这些问题的同时，也在进一步地推动创造新市场。

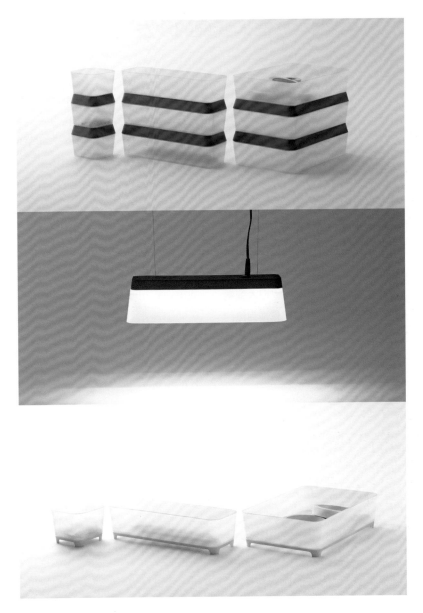

将开发完成的蓝色零件与塑料容器相互组合，多个容器便可堆叠使用 [上]。
透明的塑料容器配上红色零件再接上 LED 灯，容器就成了"灯罩" [中]。
制作黄色零件并接合在容器下方，就好像是装饰品一样 [下]。

[照片 : 林 雅之]

"把人变懒的沙发"是这样诞生的

自 2002 年开始发售至今，累计销售数量已达约 100 万，这就是可以代表无印良品的常年畅销商品——舒适沙发。因为坐在这个沙发上感受到无比舒适，在网上还有人给它取了个别名"把人变懒的沙发"，是一款到现在还经常成为热门话题的商品。参与设计的柴田文江与我们分享了当时开发产品的情况，并就无印良品的设计等进行了讨论。

日经设计 [以下简称 ND] : "舒适沙发"的制作过程是怎样的?

——[柴田] 当时，其实是无印良品与空想生活 [现为 CUUSOO SYSTEM] 主导的一个项目，这是一个由多名设计师针对同一个主题提出各自的设计方案，然后在网上公开征集顾客的意见，并最终实现商品化的过程。我当时参与的主题是"坐的生活"。

我记得当时，无印良品还没有这么多家具产品，因此，正规的家具对无印良品的商品阵容而言也许并不适合。于是，我将目标放在了处于杂货与家具之间的商品，既非椅子，也不是坐垫或者抱枕的东西。我想只有在这中间取得某种平衡的商品，才是具有无印良品特色的产品吧。

抱着这样的念头，我首先开始尝试制作模型，以确立设计整体形象的基础。我用了好几个戴在女孩子手上玩的那种小布袋的填充物，来代替一般靠枕里的弹性纤维，并准备了一些具有伸缩性的布料做套子，未曾想布料准备得太小，根本无法将小布袋的填充物全部包裹进去。

偏巧外面正下着暴风雨，没法出去再买同样的布料，于是就用手头的棉纱布手绢补上短缺的部分，继续完成制作。

这样一来，这个用两种伸缩性不同的布料组合而成的样品，既像椅子又像是能包裹身体的坐垫，这让我明白，我可以做一个有着多种使用方法的靠垫吧。一个与当初那个"处于椅子和地板之间的产品"的理念格外一致的设计方案，就在这个瞬间诞生了。

柴田文江

从电子工学到日用杂货、医疗器械的设计以及酒店宾馆的整体规划等，广泛活跃于各个领域。欧姆龙保健体温计"ken on kun"与"9h[nine hours]"胶囊酒店等为其代表作品。获得"每日设计奖"等诸多奖项。武藏野美术大学教授。担任 2015 年度日本优良设计大奖评委会副委员长。著作有《身体内部的另一个身体》[ADP]。

ND：柴田女士自己对无印良品有着怎样的印象呢？

——那个时候的无印良品，有着比现在更能容纳自由想法的文化，我觉得都有一些"放任"的感觉了。这个时候，舒适沙发可以说恰好反映了当时无印良品的整体氛围。

最近的设计没有了那种"放任"的感觉，而是飞跃性地呈现出简练利落的形象。现在无印良品的商品，即便在没有看到实物的情况下，单凭网店的照片就下单购买，到手的商品也会与购买者的想象相差无几。

当商品交到消费者的手中时，消费者不会有"商品与照片不符"之类的感觉，因为这些商品中没有让消费者感到失望的粗制滥造、没有使用不良品质的材料。我想消费者已经对无印良品的设计产生了信赖感。如果现在再以同样的主题，委托我为无印良品设计产品的话，恐怕我会做出截然不同的提案吧。

每当我与海外的客户碰面时，必然会谈论起无印良品。它的设计俨然不是"某种风格"这种表面的东西，而更像是值得日本自豪的一种文化。作为一名产品设计师，我经常会将目光集中在商品上，其实，要创立自身的文化，运用广告及产品目录传达商品及企业理念的传播行为以及店铺的打造，等等，所有这些与顾客发生交流的方方面面，都需要经过细心的设计。

这些日本代表性的设计师们，在一个与经营者极为接近的位置上，从各种角度认真思考并观察"无印良品式"究竟为何。正因如此，无印良品才会受到大家的喜爱，并作为一个不会让人厌倦的品牌持续成长。从某种程度上来讲，这不正像是一个奇迹吗？

无印良品的知识产权诉讼

简单的设计，在备受喜爱的同时，也是一把双刃剑。
良品计划要求，其他公司停止销售与无印良品类似的商品，
但是，诉讼要求未能得到解决。
以简单为原则的"无印良品"的设计所引发的相关知识产权诉讼讲解。

"无印良品"是由良品计划运营的，他们销售的半透明乳白色收纳盒，可以说是担负着传达无印良品品牌形象的经典商品。恐怕不知道这个商品的人少之又少吧。

在无印良品，这种半透明的材料被运用在许多商品中，向人们提供毫不累赘的简洁设计。在与华美设计的对峙中，不刻意表现设计的所谓"No Design"[无设计]渐渐造就了无印良品的品牌形象。

无印良品的收纳盒，可以说是以极力去除特征的设计为其特色的商品。

即便是这样的商品，一旦热销，也就会有相似的商品出现。

简单的设计是否拥有权利并得到法律保护呢？销售这款收纳盒的良品计划，向制造并销售一款相似的收纳盒的伸和提出了中止制造销售以及损害赔偿的诉讼请求，以下便以这起诉讼在 2004 年得到的裁决 [*1] 为切入点，对一般的设计保护的状况进行解说。

两款收纳盒的相似程度如何

首先让我们看一下无印良品的收纳组件和伸和的收纳盒之间的相似程

无印良品的收纳盒

伸和的收纳盒

这样的半透明收纳盒，
有很多类似的设计。

也有一些商品尽管不是半透明的，
但抽屉把手部分却有共同之处。

度究竟如何 [参考上页图片 *2] ？

整体形状为横向的长方体，由盒体与抽屉组成的收纳盒，除了这两种商品以外，还有很多其他的产品 [参考上页图片]。

其中，这两款收纳盒在盒体侧面边缘部分的有无、细节部分的形状等处存在不同点，但是乳白色半透明的材质以及抽屉把手的形状等却可以发现很多共通之处，恐怕对一般的消费者而言，只有当两款收纳盒保留着各自的标签，被摆放在一起进行比较时，才能分辨出来这两个品牌，两者之间的设计已经相似到如此程度。

就像这两款盒子的例子一样，同类型的商品中已经有很多相似的设计，而在这些商品中，形状最为简单的商品设计就会带来这样一些问题。如在类似的商品中应当给予何种程度的保护，又或者是否应该对这样的设计给予保护。

对于设计的保护，一方面应该综合考虑商品的历史以及既有的、相似类型的设计；另一方面，每个商品或者各个设计都应该给予恰当的保护。重要的是，如果是收纳盒这样的日用杂货，那么要考虑顾客在选择商品时

的视角。也就是说，凭借商品的哪一点来对设计进行区分都是至关重要的。

就算竞争对手制造了多个设计相近的商品，其中两个商品的设计又特别接近的情况下，对消费者而言，即便是销售商不同，也很有可能误认为是同一个制造商或关联公司的商品。像这样的商品应该在法律中得到保护，不是吗？笔者个人是这么认为的。

现行的法律似乎没有解决这个问题……

这次的裁决主要是根据不正当竞争防止法第 2 条第 1 项 1 号的规定，对于众所周知的商品等表示 *3 进行争论，无印良品的收纳盒是否具备 "商品等表示性" 是争论的焦点。

原本，选择何种商品形态进行制造并不一定是以显示商品的出处为目的的。但是，为了能够区别于其他商品而将商品形态设计成独特的样子，且商品的这一形态长期连续并被垄断使用，又或者这一商品形态在短期内有过强有力的宣传，那么，这一商品形态可以被认为属于 "商品等表示" 在使用者中得到了广泛的认知，这样的情况是得到此项规定保护的。

针对无印良品的这起诉讼，法院

以那些收纳盒的各部分零件属于共通形态的物品并早已被公众熟知等理由，作出如下裁决："这种类型的收纳盒，在市场上极为普遍，是随处可见的商品形态的集合体，商品形态整体给人的印象也可以说是此类商品中的普通商品"，并认定"不能断言这个商品具有能够与其他商品明显区分的独特特征"，因此最后判断"该商品不具有商品等表示性"。

但是从这份判决来看，它明确显示的是常见的设计并非不适用于此项规定的。

不正当竞争防止法的这项规定，从设计保护的角度来看，操作难度极高。在不正当竞争防止法中为了保护商品形态的权益，对其他所谓 Dead Copy[酷似模仿] 的行为有所规定 [*4]，但有效期限为商品开始销售后三年内，商品始终普遍存在的形态是排除在外的，也就是说，无印良品的这起案例是不适用于这项规定的。

如果无印良品的收纳盒拥有知识产权，那么伸和的收纳盒有可能会被判定为相似的设计，但是鉴于伸和对该商品知识产权的请求无效审判事件 [*5]，基于知识产权的申诉也同样是无效的。当时该请求无效的理由是创作的容易性 [*6]。

在现行法规的框架内，法院的每一项裁决的确都可以说是合理的。但是，仅从照片就能了解，两款收纳盒的设计非常近似，无印良品的收纳盒设计完全没有受到保护，因此对这些裁决无法认同的人也不在少数吧。

对于已经存在诸多相似设计的商品种类，在进行新产品开发时，制造商及设计师不是更应该设计并开发与既有产品不同的产品吗？这次的问题也许不应局限在法律问题的探讨，而应该视作道德伦理问题进行讨论吧。

[渡边知子 / 专利代理人]

*1 ● 东京地方法院 平成十六年 [2004 年][控诉事件]4018 号 不正当竞争行为中止等请求控诉事件 [裁决日：2005.1.31]

*2 ● 无印良品与伸和都各有几款收纳盒，各个款式之间尺寸和叠加形状有所差异，照片是双方各自生产的其中一款。

*3 ● 根据不正当竞争防止法 2 条 1 项 1 号规定，对于众所周知的商品，制造并销售与其设计 [形态] 类似的商品，并造成他人对该商品或营业产生误认的行为，认定为不正当竞争行为的一种。

*4 ● 不正当竞争防止法第 2 条 1 项 3 号

*5 ● 无效审判事件 [无效 2003-35132]、判决取消请求事件 [平成 15 年(2003 年)(行政诉讼事件)(第一审) 565、判决日：2004.6.2]

*6 ● 知识产权法第 3 条 2 项

第 2 章

传播设计

無印良品　無印

わけあって、安い。

48

在日本朝着泡沫经济高速发展的时代，
无印良品诞生了。
随着泡沫经济的崩溃，
在人们的意识发生巨变的今天，
无印良品依然备受喜爱，
并静静地传达永恒不变的思想。

不变的态度、与流行大胆保持距离

无印良品自诞生以来，追求的方向始终坚定不移。
通览那些传达给生活者的信息，便能充分理解。
那是一种超越时间与距离，具有普遍性的态度。

无印良品的珍视之物以及想要提供的价值、理想的样子，等等；希望向生活者传达无印良品之所以存在的"理由"；良品计划这个公司，或者更确切地说，无印良品的所有工作人员的想法……以上这些都是"来自无印良品的信息"。

自 2002 年的广告"无印良品的未来"以来，无印良品便开始传递自身的信息。通过这些信息，无印良品不仅公开表明其所追求的目标即终极的"这样就好"，同时也静静地述说着，无印良品绝非是为了高价出售商品而树立品牌，也不会利用廉价劳动力大量生产低价位的商品。以最适合的素材进行制造并以适当的价位提供产品的同时，追求以"素"为宗旨的终极设计——这就是无印良品。

这种思想从创业初始至今，丝毫未变。从那之后，无印良品在每个年度都会将自身的想法向公众传达，当然，是以一种谦虚谨慎的方式，而不是大声地吆喝炫耀。

看了"来自无印良品的话"，就会发现"无印良品的思想根基为何"这个问题已经得到明确的传达。但是，其中的视觉形象却大胆地与流行保持一定的距离，没有过多的信息。遥远的地平线、公园的长凳、编织纱线的手……不同的观看者，也许会从中读出各自不同的意义。无印良品就这样包容着所有的意义，默默伫立。

无印良品的艺术总监兼顾问委员会成员的原研哉则以"空"[Emptiness]来表现无印良品的思想。所谓"空"是存在于日本审美意识背景之中的一种感觉。可以说这其中所表示的就是"无印良品是日本特有的作品"。

无印良品的思想跨越了国家和地域的隔阂，得到了全世界人们的赞赏支持。同样的视觉形象、同样的信息超越了文化差异，让不同文化背景的人们产生共鸣。这恰恰是无印良品"基本"且"普遍"的真义所在。

无印良品2014年的企业广告，不仅在日本，也在海外进行了推广。视觉设计和文字与日本本土的广告没有任何改变。无印良品传递的信息也即其价值超越了国家与地域的隔阂得到了全世界人们的赞赏。[上左：日语、上右：英语、中左：法语、中右：德语、下左：中文、下右：阿拉伯语]

き直し、新しい無印良品の品質は高まっていきます。

無印良品の商品の特質は簡潔であることです。極め
て合理的な生産工程から生まれる潔さです。極めてシンプ
ルですが、これは生産工程としてのミニマリズムではあ
りますが、それは空の器のようなもの、つまり単純であ
り空白であるからこそ、あらゆる人々の思いを受け入
れられる究極の自在性がそこに生まれるのです。省資
源、低価格、シンプル、アノニマス（匿名性）、自然志向など、
いただく評価は様々ですが、いずれに偏ることもなく、
しかしそのすべてに向き合って無印良品は存在して
いたいと思います。

多くの人々が指摘している通り、地球と人類の未来
に影を落とす環境問題は、すでに意識改革や啓蒙の段
階を過ぎて、より有効な対策を日々の生活の中でいか
に実践するかという局面に移行しています。また、今
日世界で問題となっている文明の摩擦は、自由経済が
保証してきた経済の追求にも限界が見えはじめたこと
と、そして文化の独自性をそれを主張するだけでは世
界を共存できない状態に至っていることを示すもので
す。利益の独占や個別文化の価値観を優先させるので
はなく、世界を見わたして利己を抑制する理性がこの
からの世界には必要になります。そういう価値観が世
界を動かしていかない限り世界はたちゆかなくなるで
しょう。おそらくは現代を生きるあらゆる人々の心の中
で、そういう未来への配慮とつつしみがすでに働きはじ
めているはずです。

一九八〇年に誕生した無印良品は、当初よりこうし
た意識と向き合ってきました。その姿勢は未来に向け
て変わることはありません。

現在、私たちの生活を取り巻く商品のあり方は二
極化しているようです。ひとつは新奇な素材や用法や
目をひく造形で独自性を競う商品群。希少性を演出
し、ブランドとして独自性を競う商品群。高価格を歓迎する
ファン層をつくり出していく方向です。もうひとつは極
限まで価格を下げていく方向で、最も安い素材を使い、
生産プロセスをぎりぎりまで簡略化し、労働力の安い
国で生産することで生まれる商品群です。

無印良品はそのいずれでもありません。当初は「ノー
デザイン」を目指しましたが、創造性の省略は優れた製
品につながらないことを学びながら、最適な素材と製
法、そして形を模索しながら、無印良品は、「素」を旨と
する究極のデザインを目指します。

一方で、無印良品は低価格のみを目標にはしませ
ん。無駄なプロセスは徹底して取り入れますが、豊かな
素材や加工技術は吟味して取り入れます。つまり豊か
な低コスト、最も賢い低価格帯を実現していきます。
このような商品をとおして、北をさす方位磁石の
ように、無印良品は生活の「基本」と「普遍」を示し
続けたいと考えています。

無印良品

無印良品の未来

無印良品はブランドではありません。無印良品は個性や流行を商品にはせず、商標の人気を価格に反映させます。無印良品は地球規模の消費の未来を見とおす視点から商品を生み出してきました。それは「これがいい」「これでなくてはいけない」というような強い嗜好性を誘う商品づくりではありません。無印良品が目指しているのは「これがいい」ではなく「これでいい」という理性的な満足感をお客さまに持っていただくこと。つまり「が」ではなく「で」なのです。

しかしながら「で」にもレベルがあります。無印良品はこの「で」のレベルをできるだけ高い水準に掲げることを目指します。「が」には微かなエゴイズムや不協和

无印良品的未来

无印良品不是名牌。无印良品不会使用商品宣扬个性或流行，也不会将名牌所聚集的人气反映在商品价格上。无印良品一直是从展望全球化消费的未来这一视角出发来创造孕育商品的。这绝不是"这个才好"、"非它不可"那种能够诱发人们强烈嗜好性的商品经营。无印良品所追求的是将"这样就好"所代表的理性满足感带给顾客，而不是"这个才好"。即，强调的是"就"而不是"才"。

然而，这个"就"字还包含着不同的程度。无印良品志在尽可能地将"就"发展到最高的水准。"才"总含有些许自我主义及不妥协的意味，而"就"则是理性地进行克制和让步。同时，"就"或许还意味着放弃和小小的不满足感，因此，提高"就"的水平便意味着消除这种无奈的放弃和不满足感，也就是创造这种"就"的次元，从而实现顺畅的并且充满自信的"这样就好"。这

就是无印良品的愿景。以此为目标，无印良品对约5000款商品重新进行彻底地推敲琢磨，从而实现新的无印良品的品质。

无印良品的商品具有简洁的特征，这是由极为合理的生产工序所制造的简洁性，不是出于极简主义的风格刻意为之的，近似于"空的容器"一样的商品。正因为它是单纯且空白的，才能容纳所有人的想法，终极的自由由此应运而生。节省资源、低价位、简单、匿名性、自然指向，等等，各种评价纷至沓来，无印良品则不偏重其中任何一项，而是希望自己能够成为兼顾所有的存在。

正如许多人所指出的那样，环境问题给地球与人类的未来笼罩上了阴影，而如今，这个问题的认识与启蒙阶段已经完成，转移到了如何在日常生活中实行更为有效的对策这个阶段。另外，所谓的"文明的冲突"已经成为当今世界的一大问题，明确指出由自由经济保障的追求利益最大化已经

开始显露其局限性，而且仅仅依靠主张文化的独特性是无法与全世界文化共存的这种状态也已呈现出来。今后，对这个世界而言，必要的是环顾全球，对利己主义进行克制的理性态度，而不是急于进行利益的独占和主张个别文化的价值观。这种理性态度若无法在全世界得到普及，那么这个世界的发展将无以为继。或许，在现代人的心中，已经对这些问题有所顾虑并开始谨言慎行了吧。

诞生于1980年的无印良品，自成立伊始便抱持着这样的意识，并保持不变的态度面对未来。

如今，充斥在我们生活中的商品形态呈现出一种两极化的状态。一种是利用新奇的材料或吸人眼球的造型，凭借独特性参与竞争的商品群。制造稀缺性，以抬高作为名牌的评价，创造出拥护高价位的粉丝群体是这类商品的目标。而另一种则是以最大限度的降价为目标。使用最便宜的材料，生产步骤也简化到最低限度，在拥有廉价劳动力的国家进行生产的商品群。

无印良品绝不与上述任何一种商品群为伍。最初便以无设计[No design]为宗旨，但同时体认到创造性的简化与优质产品并没有直接联系。于是，一边摸索着最适合的材料和制造方法，以及相应的形式，无印良品将目标指向以"素"为宗旨的终极设计。

另一方面，无印良品也并未将低价位视为唯一的方向。尽管彻底地省去了多余的生产程序，却经过深思熟虑将丰富的素材和加工技术投入到生产中，这样便实现了足够的低成本以及最具性价比的低价位。

凭借这样的商品，无印良品希望自身就像是指向北方的磁石一般，能够一直持续地向人们展示生活中的"基本"和"普遍"。

茶室と無印良品

写真は国宝、慈照寺、東求堂「同仁斎」。茶室の源流であり、今日言われる「和室」「同仁斎」のはじまりとなった空間です。通称銀閣寺の名で親しまれている慈照寺は、室町末期に、足利義政の別荘として建てられました。義政は応仁の乱という長い戦乱に嫌気がさして、将軍の地位を息子に譲り、京都の東の端で静かに書画や茶の湯などに趣味を深めていく暮らしを求めたのです。応仁の乱は日本の歴史を二分するような大きな戦乱でしたが、義政によって始められたこの東山文化を発端として、日本の文化は新しい局面を迎えていくことになります。

「同仁斎」。そんな義政が多くの時間を過ごしたこの書斎、書院造りと呼ばれるこの部屋には、明かりとりの障子の手前に、書き物をする文机がしつらえられています。張台の脇の違い棚には、書籍や道具の類が置かれています。ひさしが長く、深い陰翳を宿す東求堂に、障子ごしの光が差し込む風情、そして、障子の格子や畳の縁などから生み出されるシンプルな構成は、まぎれもなく日本の空間のひとつの原形。

今日、同仁斎が国宝王に指定されている理由もここにあります。この同仁斎で義政は茶を味わい、ひとり静かに心を遊ばせたのでしょう。義政に茶で交わったとされる侘びの茶の開祖・珠光もおそらくはこの部屋を訪れたはずです。

茶の湯は、室町末期から桃山時代にかけて種々されていきました。それは、大陸文化の影響を離れ、侘びや簡素さに日本独自の価値を見い出す試みでした。茶祖、珠光さん、豪華さに「唐物」を尊ぶ船米志向を捨てて、冷え枯れたものの風情、すなわち「侘び」に美を見い出しました。さらに武野紹鴎は「日本風」すなわち簡素な造形を探求します。やがて千利休によって、茶の空間や道具、作法は複雑な内面性を帯びていきます。簡素さと沈黙。簡素だからこそ、そこに何かを見ようとするイメージを抱き入れることができる。一連の和の食器は、いずれも期だっているシンプルなものの見方や道具に、簡素さと沈黙を宿すなかに造形やコミュニケーションの無辺の可能性を見立てていきます。このような美意識の系譜は古田織部、小堀遠州

など、後の時代の才能たちに引き継がれ、茶道とともに日常の道具へ、そして「桂離宮」のような建築空間に息づいています。勿論、現代の日本にもそれは受け継がれており、簡素さの中に価値観や美意識を見立てていく無印良品の思想の源流をここに見いだすことができるのです。

写真の中央に生まれている器は無印良品の白磁のシンプルな「見立て」です。茶室と無印良品の、時を経たひとつの「見立て」。茶室と白磁をはせるひとつのコラボレーションとしてご覧ください。無印良品はシンプルだけの簡略化ではありません。適切な素材と技術を用いて、誰かに、つまり「見立て」によって無限の可能性を発揮できるものへのありようを目指しています。写真の自在性。それはまた「見立て」にも通じることのできる自在性。白磁に見る自在性、あらゆるイマジネーションを受けとめる無辺の自在性。無印良品の原点は、おそらくそこにあるのです。

無印良品

五〇〇〇品目にのぼる商品で、現代の多様な暮らしを見立てていく無印良品は、その活動の延長として「住まい」の形を探求しています。衣料品、生活雑貨、食品など、今日の生活に向き合う製品群はおのずと暮らし方、収納の合理性、人それぞれの生活スタイルに対応できる寝室や居室の可能性を示唆しています。既に住宅「木の家」という一連の住宅商品の販売を開始し、かつてのウサギ小屋と呼ばれた日本の住宅ですが、資源や空間に恵まれない日本であればこそ、それらを無駄なく生かした住まいの形が発見できるはずです。

現在、白磁の茶碗とともに広告で紹介している茶室は、慈照寺・東求堂「同仁斎」、大徳寺玉林院「蓑庵」、同「蓑庵」、同「霞床席」、大徳寺孤篷庵「直入軒」、同「山雲床」、武者小路千家「官休庵」。無印良品は二〇〇五年のはじまりに、あらためてこれらの空間に向き合います。

無印良品

茶室与无印良品

这是一张慈照寺·东求堂"同仁斋"的照片。这个空间被认定为是日本的国宝，是茶室的起源，也是如今被称为"和室"的开端。被通称为银阁寺并得到人们喜爱的慈照寺，是室町末年，作为足利义政的别墅而建造完成的。足利义政对"应仁之乱"造成的长期战乱心生厌烦，遂把将军之位让与儿子继承，自己则只求在京都最东面，静心修炼以提高书画和茶道的造诣。应仁之战是日本历史上具有"分水岭"意义的重大战役，而由足利义政开启的东山文化之先河，同样也为日本文化开拓了崭新的局面。

这种状态下的足利义政有很多时间是在"同仁斋"中度过的。在这个被称为书院式建筑的房间里，透光的拉窗前安设了一个用以书写的案榻。打开拉窗，庭院风景就如同挂轴画一般展开。案榻旁的多宝格式橱架上，摆放着书籍及各类用具。长长的屋檐将浓重的阴翳保留在东求堂内，穿过拉窗透进来的光形成的风情，及至拉窗的格子、榻榻米的边缘等营造的简单结构，毋庸置疑成为了日式空间的原型之一，而这也

是同仁斋被认定为国宝的理由之一。在同仁斋内，义政品着茶，独自静静地任心绪驰骋。与足利义政因侘茶成友的茶道创始人珠光应该曾经到访过这间屋子吧。

茶之汤，是在室町末年到桃山时代这个时期被确立起来的。在脱离了大陆文化的影响之后，日本的茶道尝试在静寂与简朴中寻找日本独自拥有的价值。被尊为"茶祖"的珠光摈弃了奢华的形式以及对于"唐物"极为尊崇的舶来情结，在清冷枯败的世相中，也就是在"侘"中发现了美的存在。之后，武野绍鸥不断探寻的则是"日本风"，即将人类复杂的内在性寄托在简朴造型之上的观念。不久，千利休承接其后，将茶的空间、道具及做法引向某种极致，简朴与沉寂。正因其自身的极致简单，才能够诱发某种意象，让人们想要从中探寻。千利休看待事物的视角具有丰富的多样性，不断地甄别造型及传播所拥有的无限可能性。

这一审美意识的源流则由古田织部、小堀远州等后世的能人志士相继传承，在茶道中，也在日常用品中，还有像桂离宫这

样的建筑空间中延续着。当然，在现代日本依然继承这一源流，在简朴中发现价值与审美意识这一无印良品思想的根源也能从中找到。

在照片中，端放在房间中央位置的器皿是无印良品的白瓷茶碗。这成了一种"象征"，让人遥想日本孕育的这种审美意识的初始。那就请把这个看作是茶室与无印良品两者之间长久以来的合作吧。

无印良品的商品，设计简单但绝不是为了实现低价位而简化生产的。运用适当的材料及技术，让任何人在任何地方都能自由地使用，追求的正是这种通过"象征"发挥出无限可能性的物品。正如照片中的茶碗，这一系列在传统的白瓷产地——长崎波佐见所诞生的和式器皿，每一个都是极致的简单，但却是充分考量了日本如今的饮食生活，并对应于所有场合的饭桌，体现某种简洁性。

以5000种商品见证现代生活多样性的无印良品，开始探寻其生产活动的延长线——"住"的状态。服装、生活杂货、食品，等等，这些以现代生活为目的而研发的商品群，本身已经向我们描述了现代生活的状态。地板与墙壁的材质、厨房的设置、收纳的合理性、对应每个人的生活风格的寝室和起居室，等等，在考虑这些问题的可能性的同时，"家"这个主题便浮现出来了。住宅"木之家"已经开始销售。日本的住宅曾被称为"兔子小屋"，正因为是在资源和空间都缺乏的日本，才能催生出这些不滥用空间的住宅模式吧。这种住宅的原型，或许就是茶室所展现出来的自在以及那种可以包容一切想象的简洁吧。

现在，与白瓷茶碗一起在广告中被推广的茶室有：慈照寺·东求堂"同仁斋"、大德寺玉林院"霞床席"及"蓑庵"、大德寺孤篷庵"直入轩"及"山云床"、武者小路千家"官休庵"。

无印良品自2005年初开始，便与这些空间共同展开新的合作篇章。

ニューヨーク、イスタンブール、ローマ、北京。二〇〇八年に無印良品はこれらの都市に新しいお店を出しました。世界のメトロポリス、ニューヨーク。かつては東ローマ帝国の首都コンスタンティノープルとして、またオスマントルコの首都として約千五百年の長きにわたって世界の中心として君臨した都イスタンブール。そしてまさに世界文明の中枢をつくったローマ。さらには、今後の世界文化の新機軸を担おうと年に出店を果たした北京。この四都市に、無印良品はくしくも同じ土地の人々の意識がこうして世界へと漫流している痕跡に、とても深い感慨と、胸の高鳴りを覚えます。そのいずれの都市でも、無印良品は、すでになくてはならない存在として、それぞれの土地の人々の暮らしに溶け込んでいるのです。まるで水のように。

無理をしないこと。背伸びをしないこと。暮らしの工夫を積み重ね、無駄を省き、低価格を目指すこと。しかしそれでも豪華さやパワーブランドに一歩も引けを取らない簡素の美を求め続けること。水は穏やかで水のようでありたいと思います。水は穏やかで、不可欠で、いつも人の傍らにあり、潤いを提供します。酒のような華やかさはなく、香水のように人々を魅了することはありませんが、純粋で水であり続けることで、全ての人々の普通の健やかな水を保証し続けます。穏やかな水は、年月を重ねることで、山をも削り、時には大きな岩をも砕く力を秘めています。あくまで悠々と、その力の現われとして岩をも砕く力を発揮します。その隅々へ、人々の求める場所に、広がって行きたいと考えています。

世界は今、低調な経済の話題の中に沈み込んでいます。しかしこういう時にこそ、基本と普遍を丁寧に見つめ直し、一人でも多くの方々の暮らしに寄り添うことができればと願っています。どうか安心して、ゆっくりしたペースでいきませんか。無印良品はいつもあなたの暮らしを応援しています。

すでにＭｏＭＡのミュージアムショップの中で親しまれてきた無印良品は、一昨年のＳＯＨＯの一号店、そして最新のチェルシー三号店とともに、すっかりニューヨークの街にもなじんできました。しかしながら、通りからながめる無印良品のお店は、日本のそれと全く同じ。どこに行っても、変わらないペースで、簡素の美を、静かに深々と謳いあげています。

水のようでありたい

ニューヨークのセントラルパーク、午後三時。
十日前に生まれたばかりという娘を抱いたお母
さんとお祖母さんが、薄日のさすベンチに腰掛け
てのんびりしたひとときを過ごしています。世界

無印良品

如水一般地存在

纽约中央公园，下午三点。出生才十天的女儿被母亲抱在怀里，与祖母靠在长椅上，在淡淡的日光中，享受着悠闲时刻。现在世界正经历着全面的经济萧条，但是人们幸福的样子却无关景气好坏，始终不变，就像是"普遍"的存在。

位于40大街的纽约时报总部大楼，以全新的姿态呈现在世人面前。由建筑家伦佐·皮亚诺[Renzo Piano]设计的摩天大楼以其唯美外观成为纽约的新地标。在这幢大厦的一楼，无印良品纽约2号店诞生了。已经在MoMA的博物馆商店中备受青睐的无印良品，加上一年前开在SOHO的1号店，以及最新开在切尔西的3号店，已经完全与纽约的街道融为一体。但是，在街上经过时，随意瞥过无印良品的店面，就会发现它与日本的店铺完全相同。无论去到哪里，无印良品始终保持自己的步调，以一种淡泊的姿态，静静描画简朴之美。

纽约、伊斯坦布尔、罗马、北京，2008年无印良品相继在这些城市开设了新店。纽约，国际大都市；伊斯坦布尔，这昔日的东罗马帝国首都君士坦丁堡、并作为奥斯曼土耳其的首都占据世界中心长达1500年左右的君临之都；制造了世界文明中枢的罗马以及今后将成为世界文化新轴心的北京，无印良品不可思议地于同一年内在这四个都市设立了店铺。如此这般将亚洲东端的文化与审美意识向世界回流的情景，让人不禁深深感慨，心中油然而生自豪之情。无印良品已经成了那些都市不可或缺的存在，简直就像水一样地融入了各个地方人们的意识和生活中。

不勉强、不逞强，积累生活的修行、减少浪费、以低价位为目标，而同时不断追求毫不逊色于豪华或奢侈品牌的简朴之美。

无印良品希望自身能够像水一般地存在。水是安稳的、不能缺少的，始终存在于人的左右，提供休憩与滋润。没有酒一般的华美，也没有香水般的迷人特质，只是保持着纯粹，持续保障着所有人的日常健康。平稳如水，方能经年累月地削去山峰，甚至有

时成为极大的自然力，释放出将岩石击碎的力量。在蕴藏着这样的力量的同时，始终缓缓地向着世界各个角落，朝着人们需要的地方，不断拓宽。

如今的世界陷入了经济低迷的话题之中，但正是在这个时刻，才需要对"基本"及"普遍"这两者进行重新审视。哪怕是一个人也好，无印良品都希望能贴近更多人的生活，希望能安心地、按照自己的步调慢慢地前进。无印良品会始终如水一般，陪伴在你的生活之中。

无印的强大在于"感化力"

继已故总监田中一光之后，原研哉负责无印良品的艺术监制工作。
作为顾问委员会成员、艺术总监，
他是如何看待无印良品的呢？

日经设计 [以下简称 ND]：在无印良品的传播设计中，原先生最为重视的是哪一点？

——[**原**] 无印良品最强的力量并不是说服力，而是"感化力"。这种力量能够让人们在触碰到商品的瞬间，立刻意识到"啊，原来还有这样的世界呢"，"这样就好"，等等。产生这种意识的瞬间，那个人的价值观就发生了很大的转变，这是因为把商品背后的思考和哲学传达给了他。

并不是设计美观、功能良好、具有概念性之类的原因，而是触碰到了人类长期以来累积的智慧的集合，无印良品拥有的正是这样的能量。例如制作桌椅的时候，选择怎样的材料以及使用什么方法进行制作，这不是某个个人能够完成的思考，而是人类在漫长的历史过程，不断磨炼、积累并流传至今的经验。这种知识的累积存在于物品的背景之中，而无印良品的商品则向我们展示了这一点。

也许是因为日本人早就已经明白了这一点，才会觉得是理所当然。而类似中国，或者其他无印良品准备打开新市场的地区，当人们感悟到"原来如此，有着这样的哲学啊"这一瞬间，他们的价值观也会有些许改变。而这种感化力，才是无印良品最强大的力量吧。

平面设计师

原研哉

原研哉 ● 1958 年生。武藏野美术大学教授。日本设计中心代表。以"物品"的设计与"事物"的设计并驾齐驱地进行设计活动。自 2002 年开始担任无印良品的艺术总监一职。以长野冬奥会开闭幕式的设计项目以及爱知世博会海报设计为代表，很多设计作品已深深植根于日本文化之中。

[拍摄：丸毛 透]

"让顾客成为无印良品的推手之一，
这样的传播甚为重要。"

原 研哉

同时，就像是抬神轿一样，这种"大家一起抬轿"的感觉非常重要。无印良品的商品规模如今已经达到 7000 种以上，但并非某一个特定产品让顾客感到"很棒"，而是当顾客走进这个大量商品聚集在一起的店铺的瞬间，无印产品作为一个整体向顾客传达着"很棒"的感觉，这才是最理想的状态。绝不允许出现某种商品特别突出的状况，从一根棉花棒或者一本线圈笔记本的形状，到整体传达的调性，都蕴含着同一种思考，贯穿始终。

而且也要让那些到店里来的顾客成为"抬轿手"中的一员。这种传播是无印良品在艺术监管环节中的重镇。

ND：商品、店铺……在所有层面都必须用"抬神轿"的这种感觉进行统一，是吧。所以你最重视的就是这一点，对吗？

——为此，每个月都会例行召开顾问委员会会议。四名成员之间并没有非常明确的分工，比如谁负责哪一方面的问题等，譬如会议的议题，既有店铺设计方面的问题，也有传播方面话题。产品的设计师也会就传播方面的话题发表意见，而反过来的情况也时有发生。顾问委员会的成员们在拥有各自专业的同时，也是多方面的通才。这些与社会保持着多维度联系的人成为了顾问，并将各自的创意想法带到无印良品的会议及企划中。

在会议中，基本不会有否定式的做法。一旦开始吹毛求疵，就没完没了吧。[笑]因此没有任何负面的想法，"这样的计划做做看应该不错吧"、"这个方向应该很好吧"，等等，一边设想着将来的项目，一边对创意进行修整……会议就是在这样的气氛中进行的。

ND：无印良品的感化力不仅在日本，甚至在世界都行得通，这是否与原先生经常提及的"空"[Emptiness]有关呢？

——"空"这个概念，从外国人理解无印良品这个层面上来讲，是尤为重要的。"空"与"简单"是两个概念。相对来讲，"简单"距离现今比较近，差不多是出现于150年前。与无产阶级革命同时诞生的西方现代社会，催生了对于理性主义的发现，蕴含其中的概念之一便是"简单"。日本从西方学习了这种"简单主义"，但事实上，比西方意识到简单主义这个概念还要早300多年，日本就已经摸索出了某种简洁性。

那是室町时代后期，也就是东山文化最终形成的时期。书院式建筑、茶道、花道、庭园设计、能乐等都已经发展成熟，日本人已经意识到，在这些表现形式中消除多余而呈现空无一物的状态，反而更能引导人们创造意象。正如茶道，在空空如也的茶室中，亭主与客人面面相对，尽管空无一物，但偶尔飘落在水盘中的樱花花瓣，却能让人同时联想到在花开的樱花树下饮茶的情景。从这样的细微之物投射出的共同意象，正是茶道本身的内在机制。

能剧也是如此。能剧的面具尽管都是相同的面孔，但却能从中体会到愤怒、悲伤和喜悦，等等。在一无所有的"空"之中，引发各种各样的联想，并使其成为共通的意象，这是一个极其重要的发现。

无印良品并不是单纯地去除多余的装饰以求外观的简洁，也不是一味地追求现代感，是要创造一种终极的"空"，在使用方法和商品形象上没有任何限制，而具有包容力的留白也是越多越好。例如，18岁年轻人开始自己单独生活时所选择的桌子也好，60岁老夫妻选择的他们起居室里的桌子也好，可以是同一张桌子，但是不同的摆放和使用方式却会营造出完全不同的氛围，因为这一切全都包容在留白的各种自由度之中了。

更进一步，无印良品所要创造的是，能够让世界上任何一种文化圈里

的人都感觉到"这样就好"的商品。"空"这个观念其实并非东洋独有的东西，而是传及全世界、具有普遍性意义的概念。事实上，每当无印良品在海外设立店铺，我都会被要求"针对'空'这一概念谈几句"。法国人、中国人都能够很好地理解。至于印度，因为是发现"零"这一概念的国家，因此他们对"空"的理解也是很早就形成了。

ND：在传播设计中，"空"也是非常重要的吧。

——最具象征性的应该是《地平线》系列的海报吧。只能看到地平线，而其他的却什么都看不见。整个海报无意于要高调地宣扬"无印良品很环保"，或者"经过精挑细选的材料"，等等，就这样，什么都不用说，只是与顾客进行眼神交流。无印良品的传播基本上都是这么做的。

每个顾客对无印良品都会有他们各自的解读。有人认为它很环保，也

有人认为它的简单无设计很好，等等，无论怎样解读，都是可以的，都会被无印良品全盘接受。但是，无印良品不会做出冗长的说明，仅仅通过眼神交流，之后就交给"空"。

模特的选择和文字的组合方式、照片的调性、文案，等等，也都明确地与流行划清界限。要保持"空"，就必须与流行保持一定的距离，不能过于古老腐朽，也不能变得流行，发现并保持这个位置是最难的了。看上去好像并没有进行控制似的，但其实要处在一个普遍的、中庸的位置，是需要极为严密细致的控制。

ND：今后无印良品的课题是什么呢？

——无印良品的思想，如果说像野火一样开始在世界蔓延，它并非放手不管也能往好的方向发展的。我认为将生活者期望的水准，也就是"希望成为这样"的这种欲望的层次提高是非常必要的，我称之为"欲望的教育"。

如果能在这个层面保持某种影响力是非常好的。

归根到底，无印良品的层次就是顾客的层次。顾客的生活素养及思想有所提升的话，自然会对无印良品有更高的需求和要求。因此，顾客需求的水准提高具有无与伦比的重要性。

我常说，企业和产品就是树。依此类推，生活者需求的水准便是土壤的质量，而土壤是否含有养分，则是关于生活者欲望的层次了。树木的茂盛与否取决于土壤的质量，这样一想，有欧洲的土壤、中国的土壤、日本的土壤，等等，市场营销所做的便是给土壤施肥。设计的终极目的便是对欲望的教育，并保持对土壤的影响力。

观察了日本的土壤后，会发现日本人对住宅进行设计的能力，也就是所谓的"住宅素养"远远低于欧美国家的平均水平。就算有 7000 件无印良品的商品可供选择，在这样的低住宅素养背景下，有局限性也是很自然的。

现在"MUJI HOUSE VISION"这个项目正在开展，这是以住宅及居住空间的建造方式为轴心的教育活动。如今，对日本来说，是提升住宅素养的最佳时期。随着土地价格下降、空房增加，日本也会像欧美那样，对老旧房屋的改造翻修将开始普及。

正因为无印良品已经领悟到"这样就好"的智慧，为了让人们在完善的住宅及建筑物中舒适地居住，并具备这样的能力，在这方面的教育也起到了重要作用。

有一本书叫《在"无印良品的家"会面》，是家具设计师小泉诚和曾任《生活手帖》主编的松浦弥太郎访问那些购买了"无印良品的家"的顾客，并编辑成书，书中的大家都很会生活呢！

购买"无印良品的家"，是相当有勇气的。因为身边的人会纷纷劝说"还是买那些知名房屋制造商的房子吧"。然而，这些顾客面对劝阻仍然能够独立思考并做出决定，果然在生活中也是充满智慧的。

努力收集这些顾客的想法，并在MUJI HOUSE VISION 的网站上登载或者集结成书，同时，尽可能地将实际的参考事例介绍给大家。

实际上，MUJI HOUSE VISION 的前身是"HOUSE VISION"这个活动，其中"家具之家"是邀请建筑家坂茂先生担任设计。房间内没有主要结构的柱子和墙壁，支撑天花板的构造体全由收纳家具组成。整个房间没有丝毫多余的物体，形成了简洁清爽的空

HOUSE VISION "家具之家"

间。无印良品拥有着从勺子到家具，所有制作精良的模具，因此产品的尺寸等等都规划在内。就这样，这个"家具之家"成了使用无印良品的商品，实现感觉良好生活的一个典型案例。

为迎接 2016 年的展览会，HOUSE VISION 的新项目正在启动。展览会将对于能源、移动方式、农业、食品，等等，设想着未来的种种，作出具体的提案。而企业和建筑家又将做出怎样的提案呢？

实际上，在中国，无印良品也正进行着"China HOUSE VISION"这一项目。在印度尼西亚，由中产阶级家庭主导的、独特的住宅也开始纳入考虑范畴。日本的住宅相关的专业技术及产品，与日本产的车一样杰出。面向亚洲及世界市场，输出的可能性有多大，这是包括无印良品在内，所有日本企业都应该考虑的事情。

让顾客参与商品开发

无印良品极为重视与顾客之间的交流。
这种态度甚至贯穿到商品开发阶段。
成为重要枢纽的便是生活良品研究所。

无印良品非常重视自身的价值观。让人能够充满自信地说出"这样就好"的物品、"感觉良好生活"所必需的物品，无印良品就是要提供这样的物品。有些商品就算是顾客想要，如果是与自身价值观不符，也不会销售。这是一种善意的固执。但是，这并不是说，因为这样就不听取来自顾客的声音，而是积极地听取顾客的愿望、创意，并将其体现在商品开发的过程中。

无印良品将生活良品研究所"IDEA PARK"设定为与顾客交流的重要渠道。生活良品研究所是通过网络与顾客实现双向交流、信息交换的部门。其中，IDEA PARK 征集了来自顾客的声音，比如"有这样的商品就好了"、"这个商品的这个地方能改进下就好了"，等等，发挥了重要的作用。

一年之中，IDEA PARK 大约会收到 8000 条来自顾客的信息，而顾客咨询处 [网络、电话] 则会收到 34000 条反馈信息，店铺的工作人员收集到的顾客意见、顾客想法以及必要的改善方案等，全都输入到"顾客观点调查表"。这一部分的信息，每年大约也有 6500 条。这些全都汇总到无印良品的公司总部，每年度共有将近 50000 条的信息。这些信息都会在商品及服务上得到反映，而与商品开发直接相关的则是 IDEA PARK 所收集到的信息。

IDEA PARK 收集到的这些信息首先通过生活良品研究所的两名负责人进行检查，并分门别类地传达到各个相应的商品开发部门。这最初的"分

●IDEA PARK对顾客反馈的对应过程

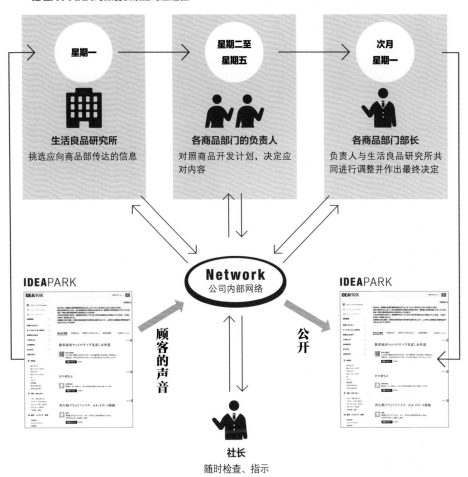

星期一

生活良品研究所
挑选应向商品部传达的信息

星期二至星期五

各商品部门的负责人
对照商品开发计划，决定应对内容

次月星期一

各商品部门部长
负责人与生活良品研究所共同进行调整并作出最终决定

Network
公司内部网络

IDEAPARK

顾客的声音

公开

IDEAPARK

社长
随时检查、指示

●监控调查数据提供辅助

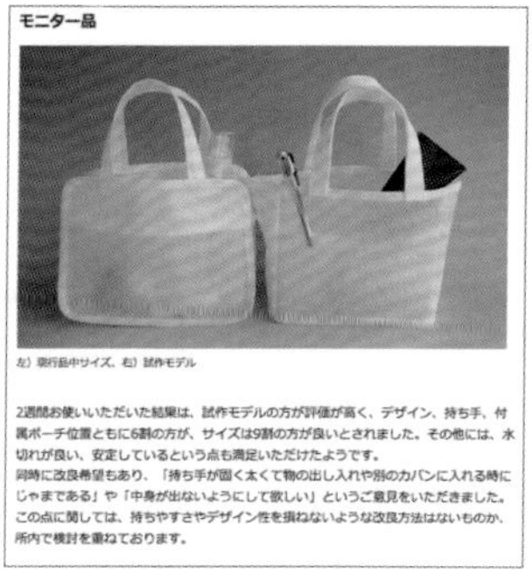
モニター品
左）現行品中サイズ、右）試作モデル
2週間お使いいただいた結果は、試作モデルの方が評価が高く、デザイン、持ち手、付属ポーチ位置ともに6割の方が、サイズは9割の方が良いとされました。その他には、水切れが良い、安定しているという点も満足いただけたようです。
同時に改良希望もあり、「持ち手が固く太くて物の出し入れや別のカバンに入れる時にじゃまである」や「中身が出ないようにして欲しい」というご意見をいただきました。
この点に関しては、持ちやすさやデザイン性を損ねないような改良方法はないものか、所内で検討を重ねております。

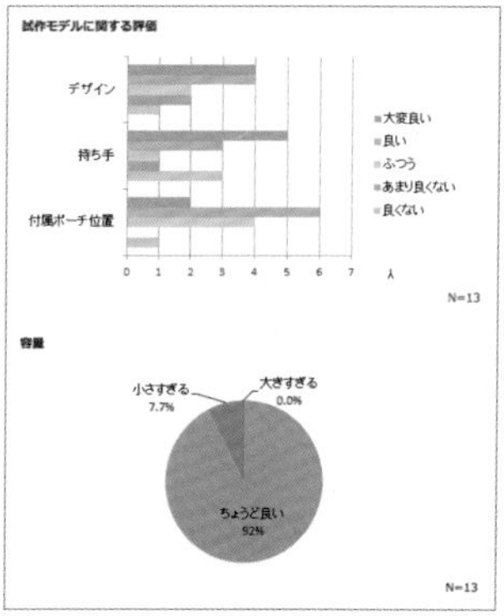
試作モデルに関する評価
デザイン
持ち手
付属ポーチ位置
大変良い
良い
ふつう
あまり良くない
良くない
0 1 2 3 4 5 6 7 人
N=13
容量
小さすぎる 7.7%
大きすぎる 0.0%
ちょうど良い 92%
N=13

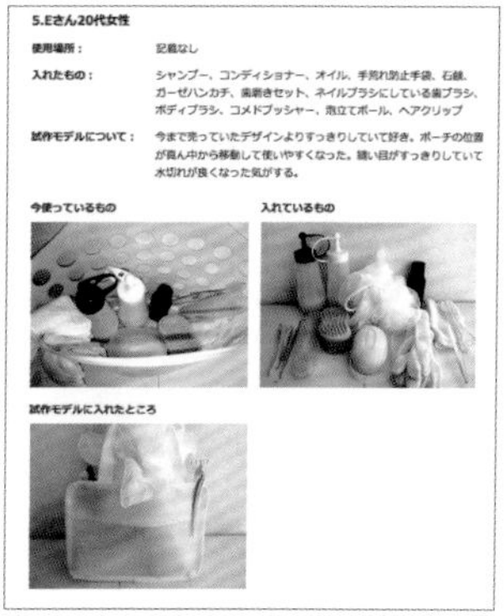
5.Eさん20代女性
使用場所：
記載なし
入れたもの：
シャンプー、コンディショナー、オイル、手荒れ防止手袋、石鹸、ガーゼハンカチ、歯磨きセット、ネイルブラシにしている歯ブラシ、ボディブラシ、コメドプッシャー、泡立てボール、ヘアクリップ
試作モデルについて：
今まで売っていたデザインよりすっきりしていて好き。ポーチの位置が真ん中から移動して使いやすくなった。縫い目がすっきりしていて水切れが良くなった気がする。
今使っているもの
入れているもの
試作モデルに入れたところ

生活良品研究所在各个商品部门进行商品开发的过程中，实施监控调查以提供帮助。从试用对象的征集到开发过程中的情况报告，还有与顾客的交流，都由生活良品研究所负责。

派人”就是生活良品研究所的永泽芽吹课长和荻原富三郎总监。

顾客提出的反馈各种各样，当被问到“分派这些信息时有什么关键点”这个问题时，永泽课长这样说道：“关键在于能够产生这样的想象，即对无印良品而言，有这样的商品就好了。”尽管得到的反馈众多，但其中也有些意见并未得到采纳，他们两位以自身的鉴别力，从内部开始，支撑着无印良品的商品开发能力。

通过公司内部网络，传达到商品部的顾客意见，则由各个商品部的负责人，对照商品开发计划进行商讨，并作出应答。金井会长出席的每月例行会议上，都会对这些对应措施进行报告，而实际上，金井会长自己就会查看公司内部所有的顾客反馈，有时还会作出直接指示，像是“那个要求，请好好对应实施”，等等。

在网上成为热门话题的“舒适沙发”的小尺寸款式，便是应IDEA PARK收集到的顾客反馈，重新开始贩售的商品。制冰格[硅胶托盘/弹珠型]也是因为顾客集中要求，才重新开始贩售，而且，差不多在开始发售之后没多久便告售罄。之后，便设为限定在网络销售的固定商品，如今成为了家居用品部门的人气商品。

"LED 便携灯"：从创意开始到实现商品化，都反映了网络集合的顾客意见。

由于一部分使用者的热情支持，决定再次开售并成为固定商品的"硅胶托盘 / 弹珠"冰格。

"舒适沙发"：同样，在商品开发过程中采纳了网络上顾客的反馈。"同款 Mini"的再次开售也是因顾客的意见作出的决策。

现在已经停止销售的"地板拖把组件"，当初共有三个开发方案，最终采用了网络上顾客最支持的方案进行开发。

1 棉制多用布 [美国] : 对装小麦粉的袋子进行再利用制造的布。印制了家居工业的纹样设计。

2 苹果箱 [日本] : 采用青森县和岩手县交界处森林中的松木制作的木箱，被用于采收苹果，以及在评级中展示苹果时使用。回收后，可反复使用。

3 柯夏先生的盒子 [法国] : 在法国公共机关及公立图书馆中用以保存公文的文件盒。用铆钉机固定住结实耐用的厚纸，做出简单朴素的形状，并用蝴蝶结系住。

4 不锈钢马克杯 [印度] : 在印度被作为日常用品广泛使用的不锈钢制品，图为标准形状。

5 青白瓷器皿 [中国] : 以景德镇的泥土和釉彩制成，是有着 1000 年历史传承的器皿。每一个都有着不同的色泽是其一大魅力所在。

6 青瓷烧制的杯子·大 [泰国] : 使用清迈的泥土与釉彩制成，有着厚实的简朴外观，却给人细腻的印象。翡翠色象征着幸福与成功，从古至今一直受到珍视。

Found MUJI

孕育并传播无印良品的项目

发现"世界各地的无印良品",共享其中的价值观。
这个项目便是Found MUJI。
创业以来从未改变的思想,便蕴藏其中。

"Found MUJI"这个项目应该是听说过的吧?以2011年开业的"Found MUJI青山"店为项目旗舰店,销售仅在有限的几家店铺才能买到的商品系列。

商品阵容包括:美国的平面设计师用回收的小麦粉袋子制成的布;法国制的灰色文件盒;印度广泛使用的不锈钢马克杯;中国及泰国传统的陶瓷器皿,等等。用旧了的大木箱也是Found MUJI的商品之一,这是日本青森县在收割苹果和参加苹果评级展示时反复使用的旧物品。

"苹果箱"的制作现场。在苹果上市时使用的箱子,加入Found MUJI后,对农家而言,也成为农闲时期的一项收入来源。

在法国制作"柯夏先生的盒子"的工厂。"柯夏"是工厂创始者的名字,照片中是第二代工厂继承者。

这些从世界各国搜集来的各种商品,是公司员工亲自去往当地进行调查,根据无印良品的价值观挑选而来的。换言之,所谓Found MUJI的商品,就是靠无印良品的判断力发掘出来的"世界各地的无印良品"。不仅仅在公司内部进行商品开发,同时在公司外部寻找与无印良品相通的价值观,不断地培养无印良品的判断力。

特别值得一提的是，Found MUJI 的作用并不仅仅停留在商品的进货及销售这个层面。从各个地方带回来的样品或照片等调查结果在公司内外公开发布，建构共同分享信息体系，通过这种方式，传达着创业至今始终保持不变的企业理念。Found MUJI 作为一种传播媒介所起的作用同样引人注目。

培养发现"无印良品"的眼力

Found MUJI 项目自 2003 年开始启动，先后到访中国、韩国、法国、立陶宛等国家及地区，寻找当地的"无印良品"。而之后开设旗舰店并实现项目活跃化的契机则到 2008 年年末才出现。那是 Found MUJI 的命名者即无印良品的顾问委员会成员深泽直人与 Found MUJI 团队共同访问中国的事情。

那次在中国发现的，是现在在 Found MUJI 青山店等店铺销售的青白瓷器。同行的良品计划生活杂货部企划设计室室长矢野直子回忆道："那个市场在一个宽敞的、像体育馆的地方开设，只有一个屋顶，却有大量的古董仿制品陈列出来。因为是手工制品，所以每一个的色泽都有些许不同，而这种从 1000 年前开始便始终不变的制作方式，让成品充满了魅力。"

如果追溯无印良品的商品开发，就知道从创业初始这种"寻找"、"发现"的态度便深深植根于企业理念中。这一理念的根本在于，不追求设计感丰富的装饰性产品，而是生产那些能够顺应现代的生活、文化及习惯所产生的变化，并以合理价格销售的商品。

"用专业材料中的铁皮和钢板制成的产品，如今已成为无印良品长期销售的商品。这些商品是对一些无名器具的重新改良，那些器具从昭和时代开始就一直在为人们所使用。而 Found MUJI 可以说是在这条延长线上的活动"。[矢野室长]

在无印良品开启 Found MUJI 这个项目时，便宣称"超越时代、跨越国境，开启这段发现无印良品之旅"，并将这次"旅行"的目的总结成"十项条目"。其中充满了"文化的传承"、"手工制作的美好"，以及"地域独特性"、"生活用品"、"地域贡献"这样的词语。

Found MUJI 这个项目是一项尝试，它让工作人员从无印良品的日常工作中抽离，以俯瞰全世界的姿态，对"无印良品的特质为何"进行再确认、再发现。与生产新商品不同，从不同国家迥然相异的文化和祖先的智慧中吸取养分，将其作为无印的商品，这样的做法能够培养那些负责人的判断力，是非常珍贵的训练过程。

作为 Found MUJI 的主要执行部门，企划设计室始终考虑的是，如何将世界各国的调查结果充分运用到商品开发中去。实际上，以各个国家的调查结果为起点所诞生的新商品已经在无印良品进行销售了，其中代表性的例子便是"橡木制的原木长凳"。

将调查结果灵活运用至商品开发中

Found MUJI 团队在中国探访之际，发现了街头巷尾随处可见的木制长凳，便以此为主题开发了原木长凳这个商品。通过调查发现之后，工作人员便在当地寻找制造厂家，可得到的答案都是"祖父做的"、"木匠做的"，于是可以判定这种木凳是广泛普及且作者不明的家具。Found MUJI 并没有采取购货销售的方式，而是在公司内部对设计进行修整，并将其作为无印良品的新产品，在多家店铺进行销售。

同样的，在韩国发现的木制托盘以及在法国发现的篮子，都是当地的日常用品，无印良品便对其"再生产"并进行销售。基里姆地毯等织物以及国产的陶瓷器，等等，经由 Found MUJI 发现之后，成为无印良品的固定销售商品。当然，这些商品首先要在 Found MUJI 进行销售，并在能够确保销售量、产量和品质的情况下，才能被列入无印良品的商品阵容。

良品计划生活杂货部企划设计室的长本 Madoka 表示："迄今为止的调查结果都已经存档保管，希望能够在商品开发等方面，被更为广泛地使用。"希望能够更为积极地分享。

在各国进行的调查结果，到现在还是会制作成简单的小册子或者归纳成 PPT 文档，在公司内部流传分享。在各国购买的样品以及拍摄的图像资料，等等，都贴上标签保存在文件盒内，希望能够对运用机制进一步完善，让公司内部成员能够轻松地接触到这些资料。

在历来的各种企划中，"MY Found MUJI"同样是一个极为独特的项目。这个项目尝试着让全世界所有无印良品店铺的工作人员参与进来，每个工作人员"推荐"自己家乡的某种物品。让店铺的工作人员成为主要参与者的企划，可以说是传达并共享理念的有效手段吧。

无印良品的理念，不仅通过商品，同时也通过各种各样的活动和媒介向人们传达出去。如今，以 Found MUJI 这个项目为起点，让人们对无印良品的价值观留有更深刻印象的传播，正在无印良品的周围产生。

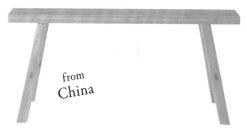

from
China

橡木制原木长凳·大

中国各地从很久以前便开始使用的，创作者不明。在中国各种场所都能看见的
长凳，并对其进行"再生产"的商品。

from
Korea

木制方形托盘

在韩国对日常用品进行的调查发现了这种摆放精致器皿的木制托盘，在托盘上
铺上布的做法也很常见。

*

Tilo 椭圆形篮子·小

在法国的市场等处贩卖的极为常见的篮子。材料用的是菲律
宾野生藤蔓植物 Tilo。

from
France

*

将调查结果灵活运用至商品开发中

以 Found MUJI 的调查结果为契机，
无印良品的新商品诞生了

到访各个国家，以无印良品的「眼力」调查各地的日常生活

*

与顾客共享

将调查结果编辑成册，在店铺内分发给顾客。从世界范围内挑选了基里姆羊驼毛织物等五种类型的布，以"世界的布"为主题结集成一本书。

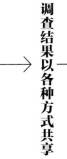

调查结果以各种方式共享

与公司员工共享

拍摄的照片配上说明，编辑成公司内部参考的册子，与工作人员共享信息。照片是在中国杭州的调查结果，用夹子制作成小册子。

My Found MUJI

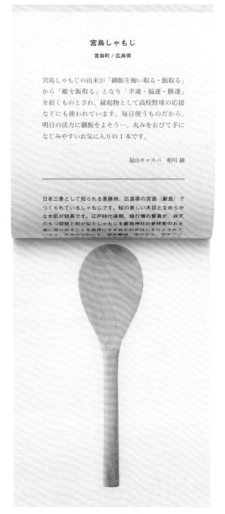

宮島しゃもじ
宮島町 / 広島県

宮島しゃもじの由来が「御飯を掬い取る・飯取る」から「敵を飯取る」となり「幸運・福運・勝運」を招くものとされ、縁起物として高校野球の応援などにも使われています。毎日使うものだから、明日の活力に御飯をよそう…。丸みをおびて手になじみやすいお気に入りの1本です。

福山キャスパ 相川 綾

日本三景として知られる景勝地、広島県の宮島（厳島）でつくられているしゃもじです。桜の美しい木目となめらかな木肌が特長です。江戸時代後期、修行僧の誓真が、弁天のもつ琵琶と形が似たしゃもじを厳島神社の参拝客のお土産に売り出すことを島民にすすめたのがはじまりとされています。

与店铺工作人员共享

My Found MUJI 企划展开时，向全世界无印良品的工作人员分发的小册子《请发现你的 Found MUJI》，这是与店铺工作人员共享无印良品理念的特别活动。

日经设计 [以下简称 ND] : 1980 年正是日本朝着"附加价值、更多附加价值"这种方向发展的时期，无印良品就在这个当下诞生的吧。

—— [小池] 是的，当时的意识就是紧跟时代的步伐。以"生活者"代替"消费者"的视角应该如何实现，人们所期待的生活是什么样的……人有着各种各样的愿望，而这些愿望又如何与物品产生联系……类似这样的问题，是我和田中一光先生、堤清二先生等人始终在考虑的。

无印的优势在于经营与创意之间的共鸣

从草创期开始便加入无印良品的小池女士，
"便宜，源自合理"等众多文案都出自她的创意。
如今主理与顾客密切相关的"生活良品研究所"。

小池一子●从无印良品创业伊始，便是顾问委员会的一员。武藏野美术大学名誉教授。2009 年开始担任"生活良品研究所"所长一职。1983 年至2000 年，创设并主管日本首创的可选择空间"佐贺町 Exhibit Space"。在始于 2011 年的佐贺町文献展 [3331 Arts Chiyoda] 中，她策划并实施了多项美术作品及资料的展览。　　[摄影：丸毛 透]

当泡沫经济持续发酵，他们便意识到，不应优先考虑经济发展，而是要向大众提供切实的、植根于生活的那种"素"的真正价值。将"初始"的美好视为原点，持续发展。在这一点上，经营者和创意者达成了共识。

因此，在思考文案时，应该宣扬什么理念并不是由某种既定的思考方式产生的，而是首先要好好思考自己应该提供什么样的商品这个问题。

当时提出的文案是"便宜，源自合理"，这是因为在任何一个商品背后，

创意总监
小池一子

都有一个相对应的故事。商品部的工作人员都十分优秀，尽管当时还只是西友公司的一个部门，但看了大家做的商品备注，切切实实地上了一课，甚至让我想要一直做这个工作，做一辈子。在无印良品成立前，就觉得"啊，这个一定能行"，感触良多。

开完会后回家，田中一光先生在出租车上就谈到："无印良品一共有四个汉字，所以这中间有着三个空格呢。"最左边的空格指向的是"素材的选择"吧，而中间这个空格就是"工序的检查"。右边的空格，鉴于当时已经对过度包装的问题极为反感，就想把"包装的简化"这个话题加入进去。商标就这样快速地决定了，最后确定的过程也非常快，无印良品的开端可以说是非常幸运呢。

"爱无华饰" [1981年]

ND：从一开始就非常合拍，之后，经营方和创意方也都没有动摇过，是这样的吧。顾问委员会的各位经常提及"思想"这个词语，这是说明创意者和经营者在更深的层面，依然能够产生共鸣，是吗？

——的确如此。这是客户与创意人员之间的信赖关系。正因为双方抱持着一致的观念，因此在合作过程中，基本没有"这不行、那不行"之类的干涉，就这样完成了工作。

与其说是"理念"，还是"思想"更为准确吧。"想"这个行为，在"思想"这个词中，就有了两个层面的字义，代表逻辑及思考的"思"以及包含着感情、情绪等部分的"想"。这正是我们通过商品想要传达给人们的信息，因此我也经常使用这个词语。

"在追求附加价值的时代，
顺时应势地发展自身。"

小池一子

ND：小池女士在无印良品的工作主要是文案的创作，您认为最值得关注的是什么？

——现在，《就这样吧》这首歌非常流行，正像歌里所唱的那样。80年代，如果说"就这样吧"一定会被人当成傻瓜，尽管当时女性同胞们已经能够骄傲地走在街上，但是，我们还是觉得按照本来的样子、自己的立场、自己原本的状态就好。

具有代表性的是"自然、当然、无印"这个文案吧。在2014年的宣传活动中被再次使用，我最初想到"自然、当然、无印。"这个文案的时候，正是

和田诚先生的"土星与孩子的插画"这幅作品诞生的时候。

啊！也就是说重要的是从自然中学习这件事吧，自然而然地就有了这个想法。

那已经是1983年的事情了。但是最近，金井先生又说道："那个文案就是很好啊！"于是就让它"复活"了。对我来说很是意外，都有点不好意思，但很高兴。

那个文案至今已经过去30年了，尽管是同样的语句，但如今的时代背景已经与那时有所不同。在那个时代，

必须不停反复对材料、工程、包装这三方面进行说明，而现在，包括欧洲在内的全球化"MUJI"，已经可以乐在其中地采用最好的亚麻布料。但即便如此，无印依旧保持着原本的样子，一想到无印这么长时间以来能一直坚持到现在，真是让人深深感慨。

ND：无印的根本从未改变，但为了顺应时代，还是有改变的地方吧。只是，无印良品对于这种改变，是不是可以说始终保持在必要的最低限度上……

——尽管经营者改朝换代，但无印良品在方向上并没有发生任何异常改变。对无印良品而言，以生活者的视角进行生产等活动，依旧是比什么都重要的。实际上，在这过程中，还是会有些微小的波动变化。我也有时候会发发牢骚说："为什么，那么在意其他公司的事情吗！"

但是，顾问委员会的原先生、深泽先生、杉本先生，他们都是各自领域内的佼佼者，他们会及时制止无印朝着奇怪的方向改变。

另外，金井先生也是非常了不起的。其实，有一段时间，我并没有着手顾问委员会的工作，会议也没有参加。就在那时，金井先生提出希望能够将无印的思考进一步整合，并创造

一个能够传播这些思想的地方。这就是"生活良品研究所"最初的构想。

我也觉得这个想法很有意思，那，就一起来做吧！于是，写出了"重复原点、重复未来"的关键词。我想说的是，从最初开始备受重视的"生活者的视角"、"原本的样子就好"，等等，应该始终将这些"原点"置于意识之中来开展自己的工作。实际上，还是在对公司内部的员工呼吁宣传这个想法。反过来说，只要不忘记原点，那就算是做出惊世骇俗的事情也是没问题的吧。我写的这句话其实还包含着这样的意味。

顾问委员会例行会议最好的地方在于，与生产者之间非常平等的关系，就像是学习会或者说是意见交流会一样。会议中，并不是只有上层管理人员单向地向现场工作人员传达指示，也不是单纯地讲述一些高高在上的思想而已。有时候，稍微露出一点马脚，可能就会被杉本大声呵斥呢。[笑]

毕竟，如果只是公司内部的设计师的话，往往就只是单纯地接收公司的指示，并将其转变成对设计的落实，然而，如果有那些了解外部情况的人与他们共同工作，那么双方的长处都能得以发挥。

因此，感受着整个社会的趋势，

“鲑鱼全身都是宝” [1981年]

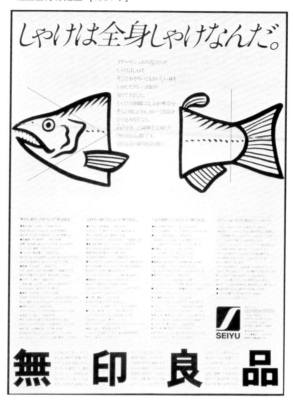

无论如何都想要做些事的设计师和生产者，就这样一齐聚集到了无印良品，与无印一起完成。大家都希望无印良品能够在这方面充分发挥自身拥有的"牵引力"。

还有值得一提的当然是，日本积累至今的生活美学。在无印良品工作的创意人员应该都是想要传承发展这一生活美学的。传统的日本住宅未必是最好的，然而，接近自然的生活方式，对阳光抱持着感性的态度，等等，将这些一并纳入，展现日本最好的一面，这正是无印良品创意人的工作。

不刻意附加无印良品的特征，而是将真正好的东西保留并发展，这正如那些无名作者所做的。让那个设计真正成为生活者的有用之物，这是最基本的，而至关重要的前提便是设计

"自然、当然、无印。" [1983年]

师的个人主张不会成为物品的累赘。这就需要顾问委员会的成员进行严格把关了。

ND：请说说无印良品面临的课题。

——在众多国家及地区发展无印良品的事业，在当地获得共识的同时，从另一面来看，这很可能导致生产的商品没有个性，这一点也许会使无印良品遇到危机。谈到价格的问题，我认为只要所定的价格与商品价值是对等的，那么，就算单从金额上判断是个高价位的商品也是绝对没有问题的。便宜的商品虽然畅销，但商品的生产却很容易受到低价策略的影响。因此，无印良品希望与那些能够对物品原本的价值进行独立思考的人们一起共同进步。

91

后3·11时期的无印良品

顺应人们的意识改变

"感觉良好的生活"究竟为何……
无印良品始终关注人们的生活，传达信息。
对于东日本大地震的冲击，同样不遗余力地发挥自身的传播力。

2011 年东日本大地震之后，电视广告的形态以及通过广告传送的信息，在短短两个月内可以说是瞬息万变。首先，地震之后的那几十个小时，民营电视台纷纷决定不播放电视广告，这是相当特殊的事例。之后，直到 3 月底，基本上所有的电视广告都出自 AC Japan。

AC Japan 之外的广告也会有一些，但基本上都是传达对受灾者的慰问、灾害留言板等相关信息以及保险等实用性信息。

之后，从 3 月底到 4 月初这个年度交替的时间段，电视广告慢慢地开始恢复正常。据 CM 综合研究所 [以下简称 "CM 综研"] 的主任研究员风间惠美子介绍，这些广告的内容基本是"以诉求节约用电、慰问，还有给人们

加油鼓劲、增强勇气为目的的"。

其中最具代表性的是三得利控股公司的形象广告，共邀请了 71 位名人接力演唱《向着天空前行》和《昂首望夜晚的星》。软银集团的手机广告，则邀请偶像团体 SMAP 演唱《夜空的彼方》。根据 CM 综研的调查，这些广告因其"平和"、"令人印象深刻"等特点，观众对其的好感度还是相当高的。

为了让"这个夏天"能够愉快度过，企业的促销活动也对应后 3·11 时期，呈现了相应的变化。

"要度过炎热夏天，在食物上花费心思也是很重要的。""正因酷热难眠的夜晚还将持续，必须掌握舒适的深度睡眠所需的诀窍"……

无印良品开展的"这个夏天的

表● CM 综合研究所统计，商业广告的好感度排行榜变化

2011 年 2 月 20 日 – 2011 年 3 月 19 日，东京 5 家核心电视台

排名	企业 / 商品名	CM 好感度
1	AC Japan/ 公益广告	1042.7‰
2	SoftBank Mobile/ SoftBank	336.7‰
3	KDDI/au	88.7‰

2011 年 3 月 20 日 – 2011 年 4 月 19 日，东京 5 家核心电视台

排名	企业 / 商品名	CM 好感度
1	AC Japan/ 公益广告	1316.7‰
2	三得利控股公司 / 形象提升广告	166.7‰
3	SoftBank Mobile/ SoftBank	117.3‰

2011 年 4 月 20 日 – 2011 年 5 月 4 日，东京 5 家核心电视台

排名	企业 / 商品名	CM 好感度
1	SoftBank Mobile/ SoftBank	151.3‰
2	S.T.Corporation/ 除臭力	79.3‰
3	AC Japan/ 公益广告	79.3‰

※ ‰是千分比，1‰是千分之一

100 个诀窍"，是传播凉爽度夏方法的促销活动。受地震的影响，人们会对夏季的电力不足感到畏惧，在这种情况下，既能节约用电又能凉爽度夏的解决办法是非常必要的。同时，在生活智慧的基础上，向人们提供公司的各种商品。

能够让人边吃饭边感受到凉意的玻璃容器、使用富有清凉感的布料制作的和式家居服、吸湿性好且快干清爽的蔺草垫，等等，通过这样的介绍，无印良品向人们传达了一起愉快度夏的信息，那就是对于夏天的酷暑不要消极地忍受，相反，应该通过智慧和努力来缓解酷热，即使不用电也能愉快地度过今年夏天。

"这个夏天的 100 个诀窍"通过随报纸派送的宣传单、无印良品的店铺内以及网站等一起联合展开。像这样大规模的促销活动，无印良品在一年中会开展三次左右。从 6 月 3 日开始免费派送的小册子，集结了生活的小窍门，希望通过这个活动与更多人一起分享生活的智慧。

在无印良品店内设置的"这个夏天的 100 个诀窍"广告立牌。
用插画形式介绍适用于夏天的生活智慧。

对人们生活的变化保持敏感

这些商品并非地震发生后才开发的，其中有平时就已经在销售的商品，也有经过之前的商品开发最终成形的商品。在地震发生后，立即对商品阵容做出改变，这是非常难的。然而，哪怕是同样的商品，如果能够从中发现新的价值，并进行重新调整，便能迅速应对灾后人们的生活。这种迅速应对的能力，可以说正是后 3·11 时期所必需的设计力。

事实上，以夏天的生活为主题的促销活动，在地震发生前便已经在筹划中了。而地震后人们的生活发生了巨大改变，具体来说，从之前大量使用能源为前提的生活，转变成将节能视作理所当然的生活。

由此，信息传播的立足点从公司商品转向生活的智慧，并调整对于社会变化做出相应的方针对策。促销活动的名称原为"夏天的诀窍"，地震发生后改为"这个夏天的诀窍"，意在强调这是针对地震发生后的第一个夏天。

蓝色线条的独特插画，也是为了对应于消费者们生活的改变。无印良品几乎从未采用插画作为与消费者沟通的手段。即便是运用插画，也会选择那些不太有生活感的硬朗线条。

然而这一次，并不是为了向人们宣传生活的诀窍，而是为了让消费者的情绪能够缓和，因此采用了插画与顾客进行交流。鉴于无印良品始终关注社会与人们的生活，所以地震的发生让我们采用了与以往不同的表现方法，这本身也算是一次无印良品式的变化吧。

介绍的商品旁摆放统一的促销活动广告牌。[左]
在无印良品有乐町店，特别设置了"这个夏天的 100 个决窍"专区。[右]

"这个夏天的 100 个诀窍"折页宣传单。其中介绍了相关知识，还有电风扇、食物等商品，让人们能够凉爽地度过"这个夏天"。

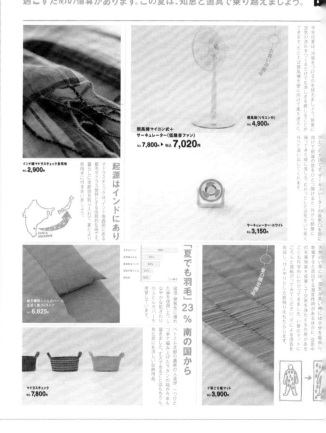

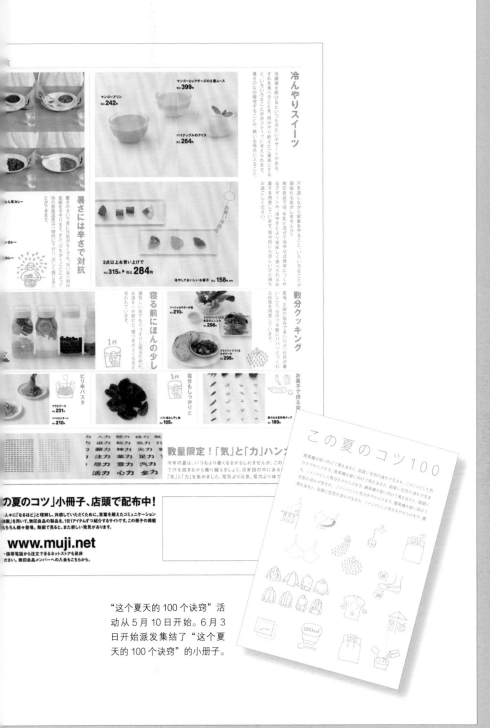

冷んやりスイーツ

冷蔵庫を開けるとひんやりしたデザートがある。それを食べることを、何かを待ち続けることを、暑いお湯呂に入ること。暑さのなか帰宅することのごほうび、無いお湯呂に入ること。という心地よいことがボジティブに変えられます。

マンゴープリン
税込 242円

マンゴーとレアチーズの2層ムース
税込 399円

パイナップルのアイス
税込 264円

数分クッキング

汗を流しながら家事をやめることが、いろいろなことが頑張れる台所に立つのが、台所が暑い夏場、主婦の悩みでもいるのが、台所が暑い汗を流しながら家事をやめること。料理を再現しています。気分的にもうれしいと時間台所で手軽にパパっとつくるデザートや冷やすと断然おいしく食べられるものがある。牛乳に混ぜて冷やす簡単につくれる菓子の無印良品では、冷やすと断然おいしく食べられるものがある。

暑さには辛さで対抗

夏季のせいで食に気分がなくなって、辛い食べ物は血管をぐっと広げ、汗をかくことによって体の表面温度が一時的に下がり、涼しく感じることができます。

2点以上お買い上げで
税込 315円 ▶ 税込 284円

冷やしておいしいお菓子 税込 158円

バニラとカラダーの素
税込 210円

フライパンでつくる鳥肉のしょうゆ
税込 298円

お菓子で摂る栄養

フライパンでつくるカボチャ
税込 298円

寝る前にほんの少し

就寝1時間前にゆっくりと屋台があるためで、お茶を一杯飲むと、ぐっすり眠りやすくなると言われています。

1杯

塩分もしっかりと

ビリ辛パスタ

アラビアータ
税込 231円

ペペロンチーノ
税込 210円

1杯

塩分もしっかりと

ソフト塩ふり干し梅
税込 105円

肉がたっぷり甘辛揚げナップ
税込 189円

数量限定！「気」と「力」ハンカ

今年の夏は、いつもより暑くなるかもしれません。汗を拭きながら乗り越えましょう。日本語の中にある「気」と「力」を集めました。電気より元気、電力より体力。

カ	カ	総力	気力	無
カ	迫力	粘力	気力	
力	脚力	伸力	造力	
力	注力	薬力	迫力	
力	底力	意力	気力	
活力	心力	全力		

の夏のコツ」小冊子、店頭で配布中！

人々に「なるほど」と理解し、共感していただくために、言葉を超えたコミュニケーション方法」を用いて、無印良品の製品を、1日1アイテムずつ紹介するサイトです。この冊子の概観もちろん続々登場。動画で見ると、また新しい発見があります。

携帯電話から注文できるネットストアも是非ください。無印良品メンバーへの入会もこちらから。

この夏のコツ100

扇風機を壁に向けて風を送ると、低温に空気の流れが生まれ、ジメジメとした気分をやわらげます。扇風機を壁に向けて風を送ると、低温に空気の流れが生まれ、ジメジメとした気分をやわらげます。扇風機を壁に向けて風を送ると、低温に空気の流れが生まれ、ジメジメとした気分をやわらげます。

100kcal

"这个夏天的 100 个诀窍"活动从 5 月 10 日开始。6 月 3 日开始派发集结了"这个夏天的 100 个诀窍"的小册子。

第 3 章

店铺设计

無印良品　無印

[摄影 : 白鸟美雄]

无印良品的思想
也渗透在店铺设计之中。
其中也有某种
与日本文化相通之物。

无印良品的店铺设计

不变的根本——木、砖、铁

"重视素雅、规避华美……
无印良品的思想不仅体现在商品上，也渗透在店铺空间之中。"
关于代表性的店铺设计，杉本贵志如是说。

[摄影：白鸟美雄]

无印良品 青山[1号店]

开业：1983 年 6 月
面积：103 ㎡

※2011 年 11 月重新改
造成"Found MUJI 青山"

因为青山 1 号店的门店是突然间找到的，时间上非常紧张，所以在一两个星期里就设计出来了。青山附近有很多时尚精品店，为了区别于这些"漂亮店铺"，我就大胆地运用废弃材料。当时正好也是我自己开始对废弃材料产生兴趣的时期。只要把商品置换一下，就可以直接变成西服店，或者也可以做成杂货店，1 号店就是这样一个店铺。当时店里的商品与现在有很多不同，而且店铺虽小，销量却相当好。[杉本贵志]

无印良品 青山三丁目店

开业：1993 年 2 月
面积：574 ㎡
※2012 年 1 月关闭

青山三丁目店是当时最宽敞的一个店面。空间非常充裕，因此民房拆解之后留下的房梁和柱子也得到了利用，尝试营造出强烈的印象。就是将木头本身所具有的素材上的优势作为装置艺术来加以运用。这样的店铺构造在居酒屋之类的店铺中是很常见的，但是卖场的话，却是前所未有的。在展示上不花费心思也是不行的，为此，我们将至今为止不怎么使用的躯干雕像一长排地放置在墙边……事后再想，连自己都觉得会不会有点太过了，不过，最终结果还是很好地被大家接受了。[杉本贵志]

无印良品 札幌工厂

开业：1993 年 4 月
面积：396 ㎡

札幌工厂的店面是对以前的工厂旧址进行再开发之后的设施。最初去勘察现场的时候，那里还是个旧工厂，感觉反而很好。砖坯结构的墙壁就原原本本地保留着。这是一幢在北海道的风雪之中经历了几十年磨砺的建筑物，很有味道。不管怎样，都要想办法把这个建筑物照原样加以利用。那么，就将那砖坯结构的墙壁作为店铺的一部分纳入到设计之中。在此基础上，我打算把这里做成目前为止所有的无印良品中最漂亮的一家店铺。例如包括棚板、支撑顶棚用的小柱之类东西在内，做了各种各样的规划。这是一家漂亮的、可以代表无印良品的店。[杉本贵志]

MUJI 东京中城店

开业：2007 年 3 月
面积：660 ㎡

※2013 年 4 月重新改装

从无印良品创业那个时期开始我就一直参与其中，因此，即便到了现在，我还是把它看成是自己的孩子一样。从最初创建青山 1 号店至今，店铺打造的原则就基本一致，始终以我个人所理解的"自然"为理念，即木材、铁板与砖坯。六本木店开设的时期，是我们终于对无印良品自身树立起信心的阶段。我们有了这样一种感觉——即无需巧妙地讨好献媚，也无需过度地引人注目。店铺的一侧全都是玻璃墙，店外的绿色一览无遗，天花板也很高，非常的宽敞舒适。是一家能够体现无印良品特色的代表性店铺。[杉本贵志]

MUJI 新宿店

开业：2008 年 7 月
面积：983 ㎡

由于时代背景的不同，这家店铺也有一些变化。新宿店的店租很贵，所以要求店里的商品要摆放得非常整齐，需要完成足够的销售额。幸好天花板很高，用的都是高大的陈列架。就这样，容器、商品展示柜等各种事物便发生了改变。尽管如此，还是尽量不想改变店铺的整体印象。不变，却也不墨守成规——希望以这种态度去设计无印良品的店铺。如果做成了"时髦的店铺"，充其量也只能维持三五年。垂吊灯交替的照明是 Meal MUJI 的特色。[杉本贵志]

室内设计师

杉本贵志

无印良品是日本重要的作品

从无印良品的1号店开始，设计了很多具有代表性的店铺。
世界旗舰店的中国成都店也是他亲手打造，常年担任顾问委员，
看着无印良品成长的杉本先生，他的无印观究竟是什么？

日经设计[以下简称为 ND]：您成为无印良品的顾问委员已经很长时间了。每个月一次，顾问委员们在一起都是怎样进行讨论的呢？

——[杉本]如果没有什么特别的问题，保持沉默就行。我，是不会说出"这个地方必须这么做"这样的话的。顾问委员会这个名称，本来就是最近才开始这么叫的，最初的时候，都是无意中聚集起来的。那段时期，这么做是有必要的。

最初的缘起好像是这样的吧，就

杉本贵志 ● 1945 年生于日本东京都。1968 年毕业于东京艺术大学美术学部之后，于 1973 年设立了 Super Potato，亲自设计了很多商业空间，从酒吧、餐厅、宾馆的内部空间设计到复合型设施的环境规划、综合施工，他广泛活跃于各个领域。主要作品有"春秋"、"響"、"zipang[日本国]"等饮食店的室内设计。近年来，还亲手打造了很多国内外宾馆的内装设计，主要有"柏悦酒店"[ParkHyatt][首尔、北京]、"香格里拉"[香港、上海]等。1984 年、1985 年，连续两年获得每日设计奖。1985 年获得室内设计协会奖。武藏野美术大学名誉教授。

[摄影：谷本 隆]

"正因为是日本这样的国家才会出现，
这其中有着源自《万叶集》的精神脉络。"

杉本贵志

是当初，公司内部会有类似展览会的商品展示，在那个场合会有各种各样的东西展示出来，大家就会发表各种意见，比如这个东西做的有点过头了吧、这个地方好像东西有点少吧，等等。这样一来，便需要有人对这些意见稍微进行调理整顿，这个形式后来就变成了顾问委员会。顾问委员会这样的组织并不是事先就有的，而是意识到了之后才有了这样的说法。

无印良品诞生至今只有 30 年左右的时间。创业初期，有一句广告语叫"便宜，源自合理"，像破碎了的煎饼、折断了的乌冬面等这类易于辨识的商品有很多。这之后，便是急速发展的时期。于是，商品增加得更多了，因此，之前没有用过的颜色、样式、图案，全都混杂地用在了各种商品之中。我们这些都是从最早开始看着无印良品发展的，大家都认为"这有点不大对劲吧"。

但事实上，包括我们这些人在内，没有人真正清楚地明白，无印良品的商品究竟是什么。这个是无印良品，这个不是无印良品，类似这样的界线，大家并不是很清晰。

ND：这一点很不可思议。尽管如此，无印良品之中始终有"无印式"的这种风格存在。

——所以这也是一件非常可怕的事情。简单讲，就是只要贴上无印良品的标签摆在那里，任何东西都可以变成无印良品的商品。某种意义上讲，这类有点与方针不符的东西也会给人带来一种新鲜感，如果想提高销售额，就会不断地往这个方向发展。总觉得这种现象必须要制止。

于是，就开始讨论这样的问题，这就成为了顾问委员会的开端。无印良品的风格究竟是什么？这样的问题被反复拿出来讨论，一点一点地琢磨研究……这样才看到了下一步的发展方向。

现在也是，这样的作用成为了一种非常强大的力量。与此同时，"那么，做哪一方面比较好"这样的问题也就

MUJI 新宿 [2008 年 7 月开业]

[摄影 : 白鸟美雄]

成为了会议的重要课题。还有就是，"现在这个范畴还没有商品，作为无印良品，希望在这个范畴发展"这样的课题。主要是这两个课题。

ND：对无印良品来说，顾问委员会的存在是非常重要的吧。

——顾问委员会成立的时候，其中就有田中一光先生，他非常喜欢无印良品，直到生命的最后一刻。他对于无印良品来说，与其说是一名设计师，不如说是一位思想家，对无印良品的影响是非常强烈的。这种影响就像遗言一样留在了无印良品。

我自己也认为无印良品是日本非常重要的作品。正因为是在日本这样的国家才得以发展壮大。法国没有、英国没有、美国也没有，是吧。在它的背景之中，有着浓重的日本色彩，我认为，一光先生恋恋不舍的理由便在于此。由于是日本式的，所以在美国受欢迎、在欧洲受欢迎，在中国也受到了欢迎。前一阵子，中国成都的新店开业，我也去了，很受大家的欢迎，非常热闹。

无印良品这个公司，对每一个商品都非常重视，它的经营理念有很大魅力。"无印之良品"，这是一种前所未有的理念。因此，必须要注意，不能出现"今年制造了流行的某种商品，过了两三年之后就衰退了"这样的情况。应该做到今年、明年、后年都是无印良品——始终是无印良品。重要的是，不断地磨炼"无印之为无印的根本"。

偶尔无印良品的公司员工也会到这里［Super Potato 的办公室］进行讨论。特别是负责服装的工作人员，会讨论一些"现在是按照这种方式在做，不过，应该是这样做吧"之类的问题。

其中也有今年开始负责服装的一群年轻员工。为了让他们理解自己所应努力的方向，他们连续讨论了一整个星期……作为无印良品应该如何存在，大家在某种程度上是明白的，但是在实际工作中，如果不这样地进行讨论却又是不行的。

无印良品 东京中城店 [2007 年 3 月开业]　　　　　　　　　　　　[摄影：白鸟美雄]

ND：虽说无印良品是只有日本才有的作品，但它的"日本式"风格究竟是什么样的呢？

——一光先生是将无印良品作为类似本阿弥光悦等人的琳派的艺术来看待的。在我看来，《万叶集》会更为近似。从文化上来讲的话。

《万叶集》中的诗歌，知道作者的极少。因为是包罗万象地收集在一起。后来出现了《古今集》与《新古今集》之类的歌集，从诗歌水平上来说的话，应该是歌集更高一筹吧，但是《万叶集》至今为止仍然还有很强的影响力。我觉得这大概就是某种日本的原点般的文化。

之后，从 7 世纪还是 8 世纪左右开始，"清静"之类的意象开始被运用在诗歌的世界里。这种意象一点一点地发展演变，逐渐与茶道中所说的"佗寂"联系起来。日本文化之中一个重要支柱就是冷静、佗寂这样的意象，影响着各种各样的事物。

《万叶集》中有"春花绿叶回望无，浦江秋暮一苫屋"这样的诗句。诗中所表达的就是，"回首望去，春花绿叶都不见，琵琶湖畔，苫屋独立，这就是秋天的暮色呀"，仅此而已。这里面的关键点是什么呢？什么都没有。即便如此，在日本却被传唱千年。

而中国的话，抬头看要有月亮，而月亮就要黑云遮蔽，类似这样的，总要有个主题在。但是日本呢，红花绿叶都不见。这样的诗歌，也会让大家产生共鸣。这真是有趣的现象。无印良品的商品之中，就是有这样的精神脉络。

设计也是如此，欧美人来做的话，就会想要做个什么东西出来。但是，我们用在无印良品上的那些破铜烂铁之类的废材就不行了。那都是已经被废弃了的素材，是没有价值的。像搬一些花进来啦，这样的事情是不做的，我们只是把这些废材作为自然的一个代言人摆放在那里而已。这样就有了充分的情感表现，追求的就是这种感觉。"红花绿叶都不见"、就像万叶集中的诗歌一样……

无印良品的卖场设计①

展示丰富产品的新魔法容器

为了"销售"，进行设计也是非常重要的。

让数量庞大的各种商品易于辨识、富有魅力。

无印良品式的视觉营销秘密何在？

"视觉营销"[以下简称为 VMD] 被认为可以左右店铺营业额而日益受到重视。重视 VMD 的无印良品，在这两年里运用到新店铺以及新改装店铺的是，高大的陈列架。

一直以来店内使用的多数是比较矮的陈列架，营造出来的都是视野良好的卖场空间。让人站在一个地方就可以环视店内的情况，目的是要达到让消费者能够把握"哪个区域摆放的是什么商品"的效果。

而新引进的陈列架，高达 2200mm 或 2400mm。引进这些超过人身高的陈列架之后，在店内的视野就不是很有效了。

比店内视野更重要的是什么？

如此一来便要在消费者的眼前摆放更多的商品。1500mm 的陈列架的话，大部分的商品都是放在比视线更低的地方，就算环视店内的整个空间，目光却很难停留在商品本身。

店门口附近最显眼的地方，设置的是具有无印良品特征的"衣"、"生"、"食"专柜。

上图的例子是，以高 1500mm 陈列架为基调的老式卖场。下图的例子是，大量运用超过 2000mm 的新陈列架的新卖场。在消费者的视线之前放置大量的商品，突出具有无印良品特征的"衣"、"生"、"食"商品阵容。

before

after

女装的货架以季节感吸引目光。利用人台，细致地展示服装的穿搭、可选颜色以及小配件。

摆放织物的陈列架，将商品放置在手容易够得着的高度，便于消费者确认布料质感等。

食品的货架则非常重视陈列出分量感，提高消费者的购物情绪。卖点设置在店铺的深处，诱导消费者在店内游逛。

良品计划的业务改革部 VMD 课长松桥众分析，"卖场的面积并没有增加，但却收到了很多'商品种类增加了'之类的回馈。面对低矮的陈列架，消费者的眼睛不怎么看得清商品"。

无印良品的特征就是，将"衣"、"生"[生活杂货]、"食"这些不同领域的商品放在同一家店铺里销售。如果能够将品种的多样性视觉化地传达给消费者，可能冲动购买等行为就会增加。事实上，据说那些引进了新陈列架的改装店铺，营业额比前期增加了 15—20% 左右。

高陈列架还具有可以摆放更多商品的优点。如果增加商品陈列的量并且有丰富充足的库存与可选色彩的话，那么就会减少因店铺缺货等错失销售机会的情况。松桥课长表示："希望在一两年后半数的店铺都能引进这种陈列架。"

2005 年左右，松桥课长提出了"无印良品 VMD '三个基本'"，开始实行面向公司内部及店铺员工的研修培训等工作，在公司内推广 VMD 的重要性。

"要提高每一坪 [每坪约合 3.3 ㎡] 的营业额，就要展示足量的商品。但是，如果是一边倒的大量展示，那么想要传达的内容与商品就会被埋没。需要考虑的是，在哪个区域摆放相应的数

2005 年左右制作的"无印良品 VMD '三个基本'"。以"简洁朴素"、"张弛有度"、"协调配合"为基础，在语言上对衣服杂货、生活杂货－食品、生活杂货－居住空间展示等各自的基本方针进行了提炼，并进行公司内部培训。

量，才会让这个商品的价值实现最大化。"[松桥课长]

在织物商品的陈列处，样品被摆放在消费者方便触摸的位置，这样他们就能自己确认材料的质感。在销售额中，女装所占的比率较高，利用人台来展示服装的穿法与色彩种类。在店铺深处的食品陈列，要大量摆放商品，凸显出品类丰富的感觉，吸引消费者在店内游逛。将陈列整齐作为共通要求的同时，要根据"衣"、"生"、"食"的商品特性，张弛有度地进行展示，这就是无印良品的 VMD。

不断进化的视觉营销

业绩良好的无印良品在积极地进行店铺改革。
进一步磨炼"视觉营销"[VMD]，
将单位面积营业额提高10%设为目标。

由良品计划开展的无印良品具有自身独特的风格，那就是将"衣"、"生"、"食"这些不同领域的商品在一家店铺销售。现在，商品种类已经超过7000种。这种做法具有便利性，人们可以在一个地方把生活必需品全都买齐，同时，也很容易产生"店内乱七八糟分不清楚"这种负面印象。

因此，无印良品在2014—2016年度中期经营计划中，提出了"优质商品"、"优质环境"、"优质信息"这三个关键词，推进店铺改革。不断调整

视觉营销战略[以下简称为VMD]，以无印良品的风格吸引顾客，力求让单位面积的营业额提高10%。

配合"优质商品"这一理念，培养核心的"世界战略商品"。无印良品在全世界范围内逐步推进店铺发展，数年内实现了国内外店铺数量逆转的局面，对无印良品而言，一个重要课题在于，生产不仅能在日本国内热销，还要在全世界热销的商品。目标是，以品种数量在所有商品种类中占不到四成的世界战略商品，来获得超过五

[带＊图片摄影：诸石 信、带＊＊图片摄影：平田 宏]

MUJI 运河之城 [CANAL CITY] 博多店的入口。一进门就是宽敞的 "MUJI BOOKS" 空间。　　　　*

成以上的总营业额。

世界战略商品分为两种。一种是称为"始终好价格"的商品群。是日常生活中不可或缺的商品，宗旨是合理品质、合理价格。另一种则是称为"想要讲究"的商品群，指的是价格稍高但是能增加生活情趣的、改变生活风格的商品。

这几年来，无印良品积极导入到店铺中的那种高达 2200mm 或 2400mm 的陈列架，就是为了更好地宣传"始终好价格"这个商品群的一种策略。

多种多样的商品陈列得引人注目，优点在于能够防止店铺出现缺货。

另一方面，"想要讲究"的商品群中，家具居多。不能只是单纯地摆放，而需要精心地将该商品所具有的价值传达出来。于是，从 2013 年下半年开始，就引进"木架构"，利用木板将空间像房间一样地加以区分，明确地将场景呈现出来。这可以说是创造"良好环境"的一个环节吧。

无印良品的店铺改革现在已经进入了"下一个阶段"，业务改革部部长

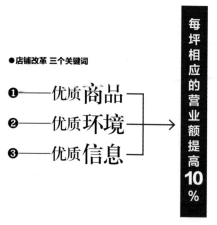

● 店铺改革 三个关键词

❶ —— 优质**商品**

❷ —— 优质**环境**

❸ —— 优质**信息**

每坪相应的营业额提高 **10**%

大型店铺的规划改革

门池直树称，"现在正专心致力于营业面积超过 300 坪的大型店铺规划"。

具有"发现与启发"的卖场

大型店铺作为该地区的中心店铺，来自市场的期待值是很高的。强大的信息传播力也是必要的。此外，除了带给人们购买商品的乐趣，店铺还要给人们"只要到那里就会有新的发现"等印象。

于是，在西日本旗舰店的冈山市"无印良品永旺 [Aeon] 购物中心"[2014

年 12 月 5 日开业，以下简称为冈山店] 与九州最大的临街店铺福冈市"无印良品天神大名"[2015 年 3 月 5 日开业，天神大名店]、都市型旗舰店"MUJI 运河之城 [CANAL CITY] 博多"[于同一天改装开业、运河之城店] 等店铺，无印良品开始挑战各种全新的视觉营销手段。

"大型店铺的改革有两个关键词。即具有'发现与启发'的卖场，以及本地化。"[门池部长]

所谓发现与启发，就是把商品的

具有"发现与启发"的卖场

[1] 传达功能·特征·特性
→视觉化地清晰传递"物品的价值"

[2] 传达产品制作的背景·态度
→通过"发现创作者的'思想'"将深度赋予价值

[3] 跨部门地"发现衣生食"
→店铺规划不被服装、生活杂货、食品
这样的分类所束缚

[4] 使用感·示例的公布
→从店铺呈现想到"生活的启发"

+

[5] 用服务来传达
→销售人员的交流
传达"物品的价值"

[6] 用书籍来传达
→与物品共同生活相关联的是书籍。借助书籍让人有所发现。

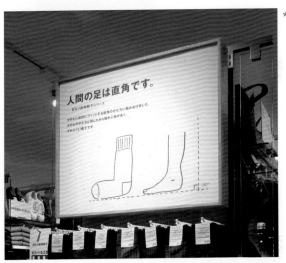

无印良品的人气商品"合脚直角袜"的宣传板，用于宣传产品功能·
特征·特性。

本土化

通过无印良品的店铺来了解当地情况
信息传播·为地区做贡献的相关活动
　→ex.与当地创作者共同打造、
　　　充分发挥当地产业的产品开发

在无印良品永旺[Aeon]购物中心
冈山店，以冈山县内生产制作的笔
记本[左]设为固定商品来吸引顾
客，无印良品天神大名店则引进了
久留米市的久留米蓝[右]。

强化型店铺

大幅度强化服装、生活杂货、食品中与地区特性相吻合的类别
营造张弛有度的卖场
　→ex.无印良品天神大名→服装强化型
　　　MUJI运河之城博多→生活杂货强化型

左图：MUJI 运河之城博多　右图：无印良品天神大名

特性以及产品制作的背景等目前为止尚未充分传达给顾客的信息，准确地传达到位。其中有四个支柱，1. 传达功能·特征·特性；2. 传达产品制作的背景·态度；3. 跨部门地"发现衣生食"；4. 使用感·示例的公布。现在，在此基础上，再加上：5. 用服务来传达；6. 用书籍来传达。

所谓本土化，就是让顾客通过无印良品的店铺对当地情况加深了解的一种措施。其中也包含了希望为地区做贡献的目的。具体做法是让当地的创作者与顾客相互建立关系的活动策划等。同发现与启发、本地化同样重要的是，信息传播功能的强化，就是说，要考虑与"优质信息"一致的策略。

作为西日本旗舰店，冈山店充分发挥大型店铺的优势，运用了大量的木架构，提出了各种丰富多彩的室内装修方案。而且，那些展示"发现与启发"的装置与店内每一个地方结合起来加以表现。作为本地化的一部分，与冈山县北部林业繁盛的西粟仓村合作，策划村里的旅游项目、用村里砍伐的木材来开发商品等。通过这样的措施，开业之后，冈山店的业绩比预计提高了20%。

天神大名店与运河之城店也致力于"发现与启发"、本地化方面的研究，在内容上各有各的特点。运河之城店大幅加强了在书籍上的着力，设立了"MUJI BOOKS"，书籍数量达到了将近30000册。书籍专柜的面积达到了整个店铺的17%。通过书籍让顾客获得关于商品使用方法以及生活方式方面的启发。

而另一方面，开设在时尚与饮食街区的天神大名店则立足于"食"的本地化这个主题，集合了九州各地的特色食品进行贩卖。并且导入了无印良品中首家服装回收贩卖专柜"re-muji"。之前顾客拿来的无印良品的旧衣服，都是以生物燃料进行回收的，但是，其中也有一些还能使用的服装。博多天神店就把这些衣服在日本国内重新染色之后再次进行贩卖。

另外，由于天神大名店与运河之城店都是在福冈，因此在店铺属性上对彼此做了清晰的区分。天神大名店是服装强化型店铺，而运河之城博多店则是以家具为中心的生活杂货强化型店铺。标准的无印良品店铺中，服装与生活杂货在专柜面积的比例大约是35：65。天神大名店因为大大加强了在服装上的力度，从而使这个比例变为50：50；相反，运河之城店的比例则为22：77。

无印良品 天神大名

3月5日在时尚与饮食之街的福冈天神大名开业。这家五层楼的临街店铺，服装的数量得到大幅度增加，以拥有九州地区最大规模的卖场面积为荣。营业面积中，无印良品占 625 坪、Café meal 占 54 坪。

Re-MUJI

无印良品此前作为燃料进行回收的旧衣服中，有一至 2 成左右是完全还能再穿的。天神大名店将这些服装重新染色之后再卖。在店门口的宽敞区域进行新服务项目的宣传，让人印象深刻。

集市气氛·热闹景象

尽管整齐地陈列摆放多种类别的商品是一个基本原则，不过天神大名店却刻意地在店内表现集市气氛与热闹景象。将商品从天花板垂挂而下的布置方式得到积极运用。

无印良品 天神大名

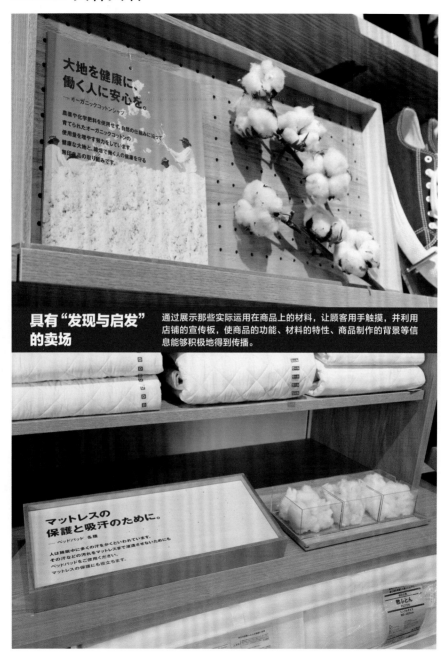

大地を健康に。
働く人に安心を。
"オーガニックコットンシャツ

農薬や化学肥料を使用せず、自然の仕組みに沿って
育てられたオーガニックコットンの
使用量を増やす努力をしています。
健康な大地と、綿畑で働く人の健康を守る
無印良品の取り組みです。

具有"发现与启发"的卖场

通过展示那些实际运用在商品上的材料，让顾客用手触摸，并利用店铺的宣传板，使商品的功能、材料的特性、商品制作的背景等信息能够积极地得到传播。

マットレスの
保護と吸汗のために。
ベッドパッド 各種

人は睡眠中に多くの汗をかくといわれています。
その汗などの汚れをマットレスまで浸透させないためにも
ベッドパッドをご使用ください。
マットレスの保護にも役立ちます。

强化服装

在衣生食之中，大幅度地对服装进行强化。男士西服的款式定制除了天神大名店之外，只有有乐町店与涩谷西武店能提供这项服务。积极地进行各种尝试，如用儿童、孕妇的相关服装组成一整个楼层等。为了配合材料质感的传达，首次尝试不使用人台进行展示，以强调服装的存在感。

MUJI
运河之城博多

结合天神大名店的开业，对书籍与内装进行强化，大幅度地进行改装。MUJI BOOKS 以拥有大约 30000 册书籍为耀。营业面积中，无印良品占 706 坪，Café Meal 占 43 坪。

强化生活杂货

围绕以家具为主的生活杂货进行改装。

九州第一家「MUJI INFILL+」可以一边咨询工作人员一边挑选各种室内装修的配件。

对无印良品而言，这是首次提供全程施工的服务。

*

MUJI 运河之城博多

具有"发现与启发"的卖场

这里也在积极营造一个具有"发现与启发"的卖场。左图是用来提示物品制作背景·态度的宣传板。右图是将与孩子一起出游时所需的童装和生活杂货进行陈列展示。促进跨部门的"发现衣生食"。

本土化

设置了用于开展各种活动的专用空间"Open MUJI"。与当地·九州的创作者等一起共同打造。

*

书籍

"MUJI BOOKS"的策划·选书·运营是与编辑工学研究所合作。
由"さ[册]、し[食]、す[素]、せ[生活]、そ[装]"五个部分组成。
在卖场中的各个重要场所也都配置了相关领域的书籍，通过书籍来促进发现。

*

无印良品
永旺购物中心冈山

2014年12月5日，在永旺购物中心冈山内开业。营造具有「发现与启发」的卖场与本土化等措施就是从这家店开始正式施行。确定了西日本旗舰店的地位。营业面积为462坪。

"发现与启发" 的卖场

大规模导入"木架构"，大大提高了内部装修空间的可能性。展示用以传达功能·特征·特性的宣传物、用以传达产品制作背景的宣传物等，作为"发现与启发"。细致地实施各种措施，告诉顾客被褥套是用 T 恤衫的相同材料做成的，让顾客意识到无印良品是一个涵盖衣生食的品牌［跨部门地"发现衣生食"］，公布商品的使用感·示例。

**

无印良品 永旺购物中心冈山

服务　重视通过工作人员的沟通来传达"发现与启发"。
在"香薰工房",为了能够制作出属于自己的原创香薰,顾客可以与工作人员探讨,
当场就可以进行精油调配。

书籍　在卖场中的各个地方配置相关领域的书籍,这种尝试就是从这家店开始的。
以"××与书"来设定名目,为顾客提供发现与启发。
照片中的场景是配置在绿色[植物]相关商品专柜中的"森林与书"。

**

开发·贩卖用砍伐自冈山县北部西粟仓村的木材制造的商品，如无漂白的筷子等。通过和当地的创作者共同制作，让顾客了解当地的情况，此措施源于对「制作＝地区贡献」的推进。

第 4 章　全新挑战

无印良品的活动领域正在拓展。
从日本走向世界，
从个人生活空间走向公共空间，
并开始着手新的跨界合作，
追求"感觉良好的生活"。

公共设计与无印良品

装点成田机场新航站楼的无印良品家具

饱受关注的成田机场第3航站楼里，
到处都是无印良品的家具。
其经济性与设计感，在公共设施领域也得到了很高的评价。

机场大厅的内部装潢简洁质朴。鲜艳的 LCC 接待柜台的前面，摆放的是良品计划的长沙发椅。

[摄影：丸毛 透]

　　良品计划亲自打造的"无印良品"的设计，开始在公共空间这个新领域中进行拓展。成田机场第 3 航站楼于 2015 年 4 月 8 日开始启用，摆放在候客厅与美食广场里的沙发、椅子、桌子，全都是良品计划的产品。在这样的大型公共空间中，大量引进良品计划的

产品，这还是第一次。在新航站楼里，长沙发约 200 套，原木桌子约 80 张，椅子约 340 把。

　　成田机场第 3 航站楼是廉价航空公司 [LCC] 专用航站楼。在为这个空间所用家具提供方案的时候，要考虑到性价比，并且设计感要与此处的空

大胆而易懂的标识也是成田机场第3航站楼的一个特征。地面像田径跑道似的用颜色进行区分，蓝线代表起飞行进方向，红线代表到达行进方向。

●设施概况

总面积：约66000 ㎡

旅客接待能力：750万人/年

停机场数量：国际航班5个停机场、国内航班4个停机场

全年旅客数量：约550万人[估计]

飞行城市数量：国内航线12个城市、国际航线7个城市

中大门相称。那么，在能够达到量产效果的现有产品基础上，开发强度与耐久性较高的样品就是工作之重。美食广场中选择了橡木制的原木桌椅，候客厅里则选用了长沙发。产品开发的过程中，良品计划的顾问委员兼产品设计师深泽直人先生也提供了自己的意见。

之所以不用机场之类的场所中经常被使用的单人椅，而选择了长沙发，原因来自于第一章中也已做过解说的"观察调查"这种方式。所谓"观察调查"，就是对普通家庭进行访问，针对产品在实际中如何被使用，以及用户对产品有何困扰之类的问题进行实地调查，并将从中获得的发现与假设运用在产品开发上的一种手法。

在这次的项目中，开发团队就LCC乘客的实际情况，在关西国际机场等地进行了实地调查，对客户要求的功能进行研究。发现因为LCC深夜与凌晨的航班比较多、候机时间比较长，所以乘客希望能够躺下来休息这种需求非常强烈。

那么，由此可以判断，能够让多个人舒服地坐着，也能让人躺下来休息的长沙发是最合适的。这个从观察调查中得出的方案，得到了成田国际机场方面的高度评价。

经过投标得到采用的家具，比起良品计划中面向普通用户的商品，具有更高的强度与耐久性。例如，原木桌子的桌面从原来的25mm增加到30mm，椅子的腿脚之间加入横木，以此增加产品的强度。长沙发靠背部分的结构也从木制改成了钢制。沙发套部分也不是用传统替换式的，而是用粘贴的方式加以固定，并做了防水加工。

这个开发项目所花费的时间差不多有半年。据说，今后也希望拓展这方面的相关业务，用良品计划的产品来设计公共空间。

国内机场中最大级别的美食广场，约有 450 个席位。除了原木桌椅之外还配置了长沙发。

摆渡车候车室内统一使用绿色家具。

国内航班登机口的场景。长沙发的靠背较低，视野良好。

宽敞的国际航班登机口。

无印良品 × 巴慕达公司[BALMUDA Inc.]的协力合

无印良品与家电行业的风云企业巴慕达的组合，
与无印良品此前的商品开发完全不同，
实现了一次值得瞩目的跨界合作。

2014 年 10 月 29 日，良品计划开始贩卖新开发的空气净化器。这是与巴慕达公司共同开发的产品，良品计划负责策划、设计，巴慕达公司负责技术开发。良品计划的很多家电产品是以无印良品的品牌进行贩卖的，而从头开始进行核心技术的研发，这样的产品开发还是第一次。对巴慕达公司而言，这也是第一次把自己公司的技术与要领提供给其他公司。

新贩卖的空气净化器的特征在于新开发的一种名为"双反风扇"的风扇组合。将两个风扇安装在一个发动机上面，使产品的小型化与性能得以兼具。两个风扇分别往相反方向旋转。下方的风扇将室内的空气吸入，让空气通过过滤器，而干净的空气则利用上方的风扇输送回室内。据说，两个风扇的反方向运转能产生强大的垂直气流，在室内形成较大的空气流动。良品计划对产品大小与设计做出指示，

巴慕达公司在此条件下最大限度地发挥机器的性能，再提供给良品计划。

10 月 29 日在日本开始销售了之后，于 11 月下旬在中国贩卖。之后，再推广到全世界的各个店铺。良品计划特别在中国的店铺内进行推广，由于中国因 PM2.5 等问题的缘故，对高性能的空气净化器的需求大大提升，可以说，这次的空气净化器是专门瞄准中国市场的一个产品。

从经营高层之间的对话开始

2014 年秋冬季的销售目标为 25000 台。而良品计划过去曾经销售的空气净化器的全年销售台数最多只有 3000 台左右，从这一点来考虑，这个目标可以说是一个非常积极的销售目标。

该产品的开发项目是从 2013 年秋、良品计划的金井政明社长直接向巴慕达公司的寺尾玄社长提议，由巴慕达公司提供技术支持的那一刻开始启动。

曾试过在新上市的空气净化器的气流上放纸气球，由于气流垂直稳定，纸气球就一直悬浮着。[摄影：谷本 隆]

良品计划的家电产品以简洁统一的设计风格在消费者中得到了高度评价。尽管如此，因为是在委托生产方既有商品的基础上进行生产，所以在性能上无法保证全都是最先进的。与巴慕达公司合作之后，高性能与独特设计的融合才成为可能。

　　另一方面，对巴慕达公司而言，通过向良品计划提供自己所拥有的强大技术力量，也能确保其在销售自家产品之外，还有一个新的收入来源。通过与拥有高知名度的良品计划合作，也希望能够让消费者提高对自己公司的信赖度。此外，与良品计划在对应的消费群体上有所不同，也是让巴慕达公司决定共同开发的一个理由。因为双方都有各自的优势，所以开展第二个合作项目的可能性很高。

按钮类的设计是 MUJI 的简洁风格。照片展示的是样机，因此零件的接缝处稍微有点粗糙，在最终产品中将会得到改善。

从正面看到的外观 [左] 与从机器里取出来的内部过滤器的样子 [右]。过滤器是集尘过滤器与活性炭过滤器一体化的产物。安装在过滤器上方的是鼓风机组。

成都店太棒了!
开在中国的世界旗舰店

无印良品在中国发展迅速。
2014年12月开业的成都店,是无印良品的"世界旗舰店"。
在海外店铺之中面积最大。

"无印良品"是由良品计划主导发展的。2014年12月,良品计划在中国四川省成都市开设了无印良品的"世界旗舰店"——"无印良品 成都远洋太古里"[以下称"成都店"]。大慈寺是成都临近繁华街区的历史古迹,以其为中心展开的大型购物中心的一角成为了成都店的选址。这家店是无印良品海外店铺中规模最大的一家,地下一层、地上三层、总面积达到了950坪。在同一家店铺中同时设置 Café & Meal MUJI、IDÉE 的销售区,

定位是"品种强化型店铺"。原有的中国国内的店铺里，商品的品种平均约3300种，成都店达到了4000种左右。除了限定销售一些中国特色的女装外，化妆用品、自行车、三轮车、厨房家电、葡萄酒、日本酒等首次在中国销售的商品种类也增加了。再加上独特的搁置文具的笔架、放香薰机的桌架等世界上只此一家销售的商品组合也有不少。

作为世界战略商品中应该得到强化的这些产品，在店铺内以压倒性的方式大量陈列，对顾客形成强大的吸引力。像陈列儿童服装的圆形桌架这样的器物，在成都店是首次引进，今后，有些物品也要反馈到日本的旗舰店。

成都店的开业非常顺利，到店客人的数量、销售额都大大超出了预计。顾客层以情侣为中心，20至30岁的女性顾客较多，周末的时候，家庭用户也会有所增加。

相较于其他店铺，衣服杂货的销售情况很好也是成都店的一个特点。可见，在儿童服装、健康美容产品的品种以及卖场打造上加大力度等措施正在产生影响。其他方面，生活杂货的销售额比例低于当初计划的60%，第一季度只达到了45%的程度。今后，要提升室内设计顾问的待客能力，让营业额得到提高。

这在中国的无印良品中是前所未有的。为了强化待客服务，店内安排了六名在日本进修过的室内设计顾问，以及四名负责服装搭配的造型顾问。

作为世界旗舰店，为了不遗余力地传达无印良品的世界观，成都店的

室内设计师 杉本贵志谈"无印良品 成都"

虽然说这是世界旗舰店，但是设计的根本与之前的没有丝毫区别。不管顾客是中国人还是日本人，国民性及喜好会有所不同这种问题，几乎不会被列入考量，甚至可以说是丝毫没有这样的意识。无印良品走在时代的前列，是真正意义上的全球化的存在。中式的也好、欧式的也罢，已经超越了这样的差异。只不过，虽说不变，还是会加入了一些元素，让世界各地的人发出"啊？真有意思啊！"的感叹。无印良品就是这样发展过来的。

在成都店，强调的是"非日常感"，但却是用一些非常普通的、容易制作的物品来进行设计，营造出非日常的感觉。整体的八成是标准式的、用剩下的两成来体现无印良品的风格。之所以如此，因为在中国并

未限定要完全按照图纸来完成的。将木制
的立方体一长排地摆放在空间里，这也是
非日常感的一部分。垂吊灯式的照明也是
如此。用树脂制的收纳盒做成墙壁，这些收
纳盒中安装了小型LED灯，让整面墙散发
着梦幻般的光，这种装置曾经在意大利米
兰家具展上展出过，深受大家欢迎。

1 作为"品种强化型店铺"，大量地
进行陈列是特征之一。摆放了一整排
香薰机的那种桌架，这种配置方式全
世界只此一家。内部空间里的那一组
木制的立方体，表现出一种奇特的非
日常感。

2 将商品吊起来展示的样式经常可以
看到，这也能让人体会到非日常感。

3 意外的是，成都店是中国地区首次
贩卖自行车、三轮车的店铺。

6

4 5 中国地区第一次在一家店铺中同时设置 IDÉE 家具与 Café & Meal MUJI。关于 Café & Meal MUJI，顾客的反馈中有很多把它与宜家餐厅进行比较的评论，也有一些更新颖的意见。

6 地区限定销售的商品也不少，白色的硬壳拉杆箱也是其中的一种。白色是象征熊猫的颜色。以四川省濒临灭绝的熊猫与小熊猫为主题而开发的限定商品中，也有靠垫与儿童衬衫等。

7 在日本也大受欢迎的空气净化器。据说是为了配合成都店的开业而加急开发的商品。

7

8 将 LED 灯安装在树脂制的收纳盒中,营造出梦幻般的照明效果。这也会营造出非日常的感觉。

9 11 放文具用的笔架也是在成都店才第一次投入使用。那些书写笔吊挂在圆桌子的上方,给人一种从天而降的印象。

10 MUJI YOURSELF 也是一个很有人气的专柜。这里有刺绣与印章,特别是印章柜台,有很高人气。

14

12 童装卖场。在成都店这个"品种强化型店铺"之中，童装的丰富程度也是高于其他店铺的。圆形桌架是在成都店首次投入使用，今后也要在日本的大型店铺中进行横向推广。

13 销售葡萄酒与日本酒，这在中国地区的无印良品中尚属首次。卖场中到处都配置了中国的传统老家具及用具，营造成具有中国风格的卖场。

14 无印良品的产品之一——厨房家电也是首次在中国销售。

15 水晶吊灯风格的大规模照明设施成为了 Café & Meal MUJI 的象征性标志。

15

在中国存在感不断增强的无印良品

金奖

收纳书

叶智泉 [现居香港]

将物品归类的习惯，已经成为了生活的一部分，但我们有时会碰到无法决定将收纳盒放置在何处的情况。
如果将收纳盒做成书的形状，就可以简单地决定收纳盒的摆放位置了。结合无印良品的 PP 收纳盒和一般的
书本的形状，书脊上可以写下物件的类别。"收纳书"和书本一起排列在书架上，但其和书架上的书本不同，
有着收纳的功能。

无印良品正在走向世界。
其中包括亚洲，尤其中国，是最重要的地区。
通过无印良品设计奖挖掘新的智慧与才能。

小石子粉笔

小高浩平［现居日本］

这是小石头造型的粉笔。小时候，常用小石头涂涂画画。希望涂鸦时的这份快乐与无忧无虑，通过这种触感一直延续下去。

2014年，时隔5年，迎来了第四届"无印良品设计奖"，这一次的无印良品设计奖是无印良品向以中国为首的亚洲市场发出的一个信息。不是B to C[商对客]，而是B with C[商伴随客]。共同思考"生活中的恒久设计"——这就是这次设计奖的主题。

无印良品设计奖始于2006年，目的是为发现全球通用的日常用品资源以及为了新商品的开发、才能的开发做贡献。无印良品的顾客是中产阶层，这一次的重要目标就是在中产阶层正不断增加的中国，提高无印良品的思想与价值观的认知度。2014年4月26日，无印良品[上海]商业有限公司在上海举办了无印良品设计奖的发布暨颁奖仪式。

结果非常成功。本次设计奖共收到了来自49个国家的4824件作品。其中，来自中国的应征作品占了3/4。由于到上一次为止，都是来自日本的作品占了绝大多数，所以，从这一次的情况可以看出，无印良品在华语圈所引起的关注及存在感在数年间急剧增长。获得金奖和铜奖的7件作品中，有3件是来自中国。据生活杂货部的策划设计室室长矢野直子所说："感觉有着无印良品风格，并充满灵性的作品增加了。类似Found MUJI那种、从本国传统文化出发进行构思的作品也有很多。"

"已经在考虑从获奖作品中选出7至8件进行商品化，"策划设计室的安井敏顾问表示。如果快的话，不久的将来就会有商品化的消息发布。同时，获奖作品的展览会预定在日本各地及亚洲展开。

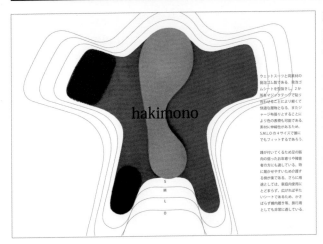

鞋履
[hakimono]

有贺栋央［现居日本］

用与潜水衣相同材质的发泡胶片塑模。只要用魔术贴粘合，就能组合成轻盈舒适的鞋履。因为具有伸缩性，不管谁穿都合脚，而且带着鞋后跟，所以脚步肌肉较弱的老年人或残障人士也适合。穿起来也容易、护理起来也很轻松。摊开来就是一块平坦的薄板，也可作为飞机上用鞋等旅行用品来使用，非常方便。

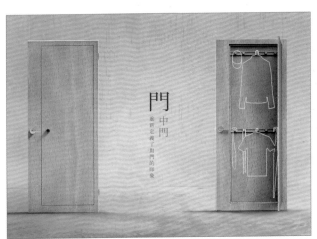

门中门

DYUID22 卢家正／程雅婷
［现居台湾］

近年来，在少子化、房价高的趋势影响下，使得小面积、少房间的房屋热销。近期更是掀起鸽子宅风潮，小面积的房屋当道，成为房屋市场的主流。如何在有限的空间中利用居家收纳技巧，创造更大的空间至关重要。为了让房间内的空间可以有效利用，重新思考了"门"的构思。将"收纳"与门结合，确保门中的收纳空间。

冰岛连指手套
[iceland mitten]

fisherman 藤山辽太郎
／杉田修平 [现居日本]

冰岛渔夫们所使用的连指手套中，包含着有利于寒冬捕鱼活动的智慧。用桨划船时，连指手套就会弄破或弄湿。这种时候，他们便无需再换另一副手套，而是将戴着的手套直接翻过来，马上就能使用。

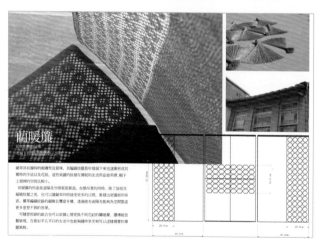

葡暖帘
[Iris Weave Curtain]

孙孟闲 [现居台湾]

葡暖帘将传统的编织手法和花纹运用到暖帘中，在悬挂的同时，可以让葡草同时接受更多的日照，散发出更浓郁的草香。透过光线照射，营造不同的投影，为空间制造更多意想不到的效果。可随意拆卸的组合也让人们可以依据心情，更换不同花纹，随时享受自己设计的乐趣。

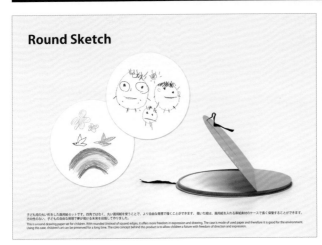

圆形画纸
[Round Sketch]

荒谷彩子 [现居日本]

这是一种做成圆形的儿童图画纸。因为用的不是四方形而是圆形的图画纸，因此可以更自由地进行构思、绘画。画完的画，放在装图画纸的厚纸盒中，可以长期保存。设计这一件作品，是为了将来让孩子们按照他们自由自在的想法、没有特定目的地去描绘自己的梦想。

评委与获奖者。这个设计奖也得到了媒体的高度关注，颁奖仪式上，共聚集了数十家媒体到场采访。

“无印良品之家”的追求

实现“感觉良好的生活”的住宅

自信宣称“这样就好”的生活方式，
这就是“无印良品之家”的追求。
充满以独特思想为本的方案。

提案型创意

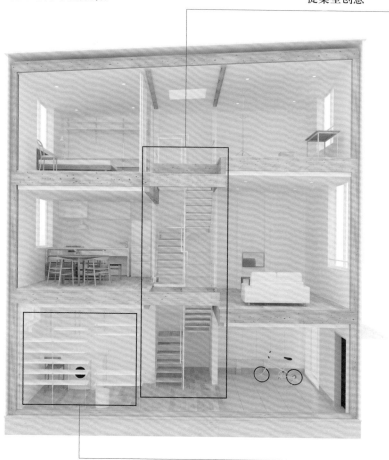

调查型创意

这是“纵之家”样板房模型。这个方案是将住宅用水处集
中在一楼玄关里的土间内部，使用面积总和为 106.57 ㎡，
2 间半 [4.55m] × 4 间半 [8.19m]，共 2538 万日元 [含税]。

建筑物中央的骨架状楼梯将居室分隔得宽敞舒适。狭小的住宅也能够让空间上的宽敞、采光以及空气的循环得到保证。

"纵之屋"是以建在都市的狭小地段为前提的三层建筑。建筑物中央的楼梯、设有层差的跃层式建筑是这幢房子的主要特征。覆盖在正面外墙的，是用和歌山县的杉木做成的木板。

样板房的一楼里面有浴室、卫生间之类的住宅用水处，洗衣机放置处、晾衣处、熨衣服用的家务空间、收纳场所等，全都集中在这里。对于生活中的行动路线的整合，下了不少功夫。

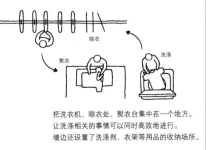

把洗衣机、晾衣处、熨衣台集中在一个地方。让洗涤相关的事情可以同时高效地进行。墙边还设置了洗涤剂、衣架等用品的收纳场所。

2014 年 4 月，时隔 5 年，新的"无印良品之家"公布了。"纵之家"是以建在都市的狭小地段为前提的三层建筑。从 2004 年开始贩卖第一幢住宅"木之家"以来，到现在为止，已经有三种类型的二层住宅正在销售，无印良品之家开始提供在都市生活为目的的三层住宅。

看了"纵之家"就知道，提案型与调查型这两种方案在这幢住宅里被良好地组合在一起。关于房子的结构，提案型的解决方案由制作方提供，而住宅用水处之类的房间布局，则通过问卷调查从顾客的意见中得来。

一方面，吸收了来自群众的生活智慧，另一方面，对于都市住宅所存在的问题，非常自信地提出解决方案。确实，以无印良品式的方法，确保了有别于以往狭小住宅的宽敞空间，创造出更适合生活的居住空间。

在有限空间里宽敞地生活？

"纵之家"的商品开发负责人 MUJI HOUSE 的川内浩司董事这么说道："人们的普遍印象是，在都市里居住就要被迫忍受狭小的住宅。其实开发队伍内部也有人认为，城市里的独栋楼房是不合理的，公共住宅才合理。但是，关于提供都市里舒适生活这个

构想，大家不断地思考什么样的形式与功能比较好，并提出了解决方案。"

"纵之家"所追求的是，既能享受都市便利性的同时，又可以舒适地在狭小空间里生活。既能解决狭小住宅所存在的"狭小"、"阴暗"、"寒冷"等问题，又可以提供温馨的生活，对于这样的空间，有什么样的房子可以提案？这个商品的开发，就是源自于这么一个问题。

那么，关键的地方就是楼梯。三层楼的住宅之中，楼梯是不可或缺的，不管做得多小都要用去一坪的空间。很多的狭小住宅为了确保居室的宽敞，就把楼梯设置在建筑物的一角。而且，如果要用墙壁来分隔空间的话，那么每一个房间里的空间都必然要变小。

而"纵之屋"则把具有穿透感的骨架式楼梯设置在室内的中央，把空间分隔得宽敞舒适。利用这个楼梯，既保持各个房间的独立，又营造出位于一楼，20 个榻榻米左右的空间。地面高度各不相同的跃层设计，既保持了居室的独立感又提升了空间的宽敞感。

设置在室内中央的骨架式楼梯，达到了确保光热通畅的效果。为了解决剩下的"寒冷"问题，"纵之家"利用两台空调来保证家中舒适的温度，隔热性能彻底得到了提高。屋顶上铺

"纵之家"左右各 3 个房间、共计有 6 个房间。采用了跃层设计，配合各个房间的用途，可以调节天花板的高度。上面这张照片，就是为研究各个居室的不同层高而做的模型。在样板房中使用。

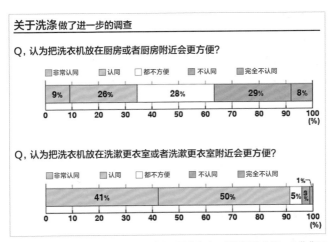

关于洗涤做了进一步的调查

Q，认为把洗衣机放在厨房或者厨房附近会更方便？

| 非常认同 | 认同 | 都不方便 | 不认同 | 完全不认同 |

| 9% | 26% | 28% | 29% | 8% |

Q，认为把洗衣机放在洗漱更衣室或者洗漱更衣室附近会更方便？

| 非常认同 | 认同 | 都不方便 | 不认同 | 完全不认同 |

| 41% | 50% | 5% | 3% | 1% |

在"大家一起思考居住的形式"网站上，到此为止，关于居住空间一共收集了共计 10 万多人次的意见，并在无印良品之家的商品开发中得到了活用。实施于 2008 年的"第 2 期 第一回 关于家务事的问卷调查"，共收集了 2967 个人的回答，"洗衣机放置在洗漱更衣室"这个方案明显获得了绝对多数的支持。

了两层的隔热材料，外壁则用上了木质纤维的隔热材料，如此等等，创造了一个冬暖夏凉的生活环境。

这个设计方案同时解决了狭小住宅的三个缺点，由此，可以自信地宣称"这样就好"的新提案诞生了。

从10万人的问卷调查中找到需求

房子的构造是以无印良品之家研究得出的提案型方案为基础，而调查型方案所反映的是，在房间布局上照顾生活行动路线的构思。

根据问卷调查中得到的意见，在样板房一楼的内部设置了家务室。这里集中了洗衣机放置处、晾衣处、熨衣服用的家务空间，以及浴室与卫生间之类的生活用水处。入浴前先把衣服放入洗衣机洗，衣服洗完之后，直接就可以在这里晾晒，晾干之后，用熨斗熨平、叠好、收纳，所有这些与洗涤有关的家务事都可以在这个空间里解决。

"无印良品之家"通过"大家一起思考居住的形式"网站收集了共计10万人次的意见，这些通过问卷调查收集来的生活智慧与需求，就是对这10万多个意见进行分析的结果。在此之前，家务活动路线已经多次被提出来作为主题，据说是听取了来自女性的意见，如"洗涤、晾晒、熨烫之间的距离近一点比较好"、"如果有家务空间的话，生活会更方便"之类。

在室内材料上没有准备太多的选项，这一点也是无印良品的作风。对于材料的耐久性与质感等，如果有要求也是可以替换的，但推荐的用料也都是与无印良品的世界观相一致的材料。很多建筑公司都强调要准备多种多样的材料以供消费者自由选择，而无印良品之家则是提供那些制造方认

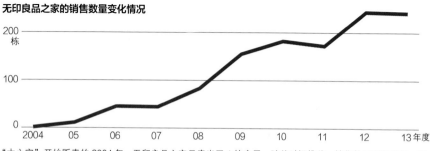

无印良品之家的销售数量变化情况

"木之家"开始贩卖的2004年，无印良品之家只卖出了1栋房子，随着时间推移，销售数量不断增加。现在每年销售将近300栋房子。

为好的材料。

无印良品之家从 2004 年开始销售。第一年，只卖出去了一栋房子，而现在，"长久耐用、应需而变"这个理念已经深入人心，一年的销售量提高到将近 300 栋。虽然，现在提出的销售目标是，到 2015 年为止一年卖出 500 栋，不过，MUJI HOUSE 的专务董事田锁郁夫表示："归根结底，能够提供什么样的生活方案才是企业的主要课题。"

在生活之中，"家"大概占据了最重要的位置。怀着信念销售"家"这种商品，这其中所体现的是，无印良品自创业伊始便一贯坚持的理念——始终提供"感觉良好的生活"。

2004年"木之家"

2007年"窗之家"　　2009年"朝之家"

坚持无印良品自身之存续的理由

连续四期保持最高利益收入，在以中国为首的亚洲快速成长。
支撑良品计划发展壮大的，是创业开始便始终不变的"无印良品"这种思想，
而这又是如何继承至今的呢？

日经设计[以下简称为 ND]：无印良品的业绩非常良好，这其中的主要因素您是怎么看的？

——[今井]在我们这个流通世界里，"现场"是非常重要的。现场工作人员在对自己的工作与职务感到自豪的同时，还必须共同拥有一种价值观，即正在对社会做正确的事情。

现在，在这个方向上正变得颇为一致。对于我们所追求的"感觉良好的生活"，什么样的商品是必要的、卖场的空间设计、BGM[背景音乐]、陈列器具、视觉营销等应该是什么样子的，这样的讨论从未间断过；甚至，由于在有些领域里，只是将商品单纯地进行陈列，是很难将信息传达给顾客的，所以现场工作人员要获取室内设计顾问与时尚顾问之类的资格，锻炼自身的技巧，让自己为顾客提供更多帮助。我认为，这种"现场能力"的提高是主要因素。

ND：无印良品从创业时期开始，设计就在经营中占据了非常重要的位置。关于这一点，从来就没有动摇过。

——如您所言，无印良品的具体概念与命名，是出自以田中一光先生为中心的创作者之手，某种意义上讲，这批人所思考的正是与资本理论绝对对

金井政明● 1957 年出生。1976 年进入西友商店长野店[现·西友]工作。1993 年进入良品计划，担任生活杂货部部长，主管面向家庭用户的商品开发。历任董事会营业本部生活杂货部部长、常任董事会营业本部部长、专务董事等职务之后，2008 年就任社长兼执行董事一职。2015 年 5 月开始，担任董事会会长兼执行董事。 [摄影：丸毛 透]

無印良品

金井政明

良品计划　董事会会长兼执行董事

立的有关人类的理论。这些人以"顾问委员会"的形式介入到无印良品之中，这一点非常重要。

当时，不仅是西友，一般的企业不管怎样都是跟着资本理论走的。这么做的话，无印良品这个概念就会消失。因为预见到了这个问题，堤清二先生创建了顾问委员会这种形式，这是无印良品在这30多年里还能保持创业精神的重要原因。

只不过，在这个漫长的过程中，也经历了迂回曲折。曾经有过一段时期，无印良品与顾问委员会之间的关系一度只是徒留形式。其结果就是，按照资本理论发展的时候，业绩就必然下跌。2001年、2002年是业绩最为低迷的时候，正是那样的时期吧。

2002年，田中一光先生突然去世，大约在半年前左右，他曾经提过，世代交替的时候快到了，想把原研哉先生介绍进来……本应该慢慢地进行交接工作，但他就这样突然离世了。而与顾问委员会之间的关系，也已经只是个形式而已。一直保持到当时的业绩，就迅速下跌了……

当时，我正负责商品开发与经营，应该说是为了重塑品牌形象吧，希望通过重新整理无印良品的哲学，清楚鲜明地在公司内外进行传播，为此，

我与原先生和深泽先生交换了意见。其结果就是2003年公开的"无印良品的未来"这个广告。校正阶段的时候，一边与身在海外的原先生争执"这个可以让步、那个不能让步"， 边完成这段文字。目的是将无印良品的商品生产、大家的情绪全都集中在这段话之中，关于这个方面，当时的讨论是非常重要的。

全球化的中小企业

ND：预计到了2017年，海外的店铺数量要超过国内是吧。那样的话，就成了名副其实的全球化企业。

——哪里，我们是中小企业 [笑]。不是中小企业的话，"不能生产以销售为目的的产品"这样的话，就不可能真正得到坚持。因为，如果将做大定为最终的目标，那么，它的企业精神，包括与现场之间的那种距离感，就不再是中小企业了。即便到了10年、20年之后，也仍然需要认真地探讨"什么是感觉良好的生活"，下一任的经营者，也是必须要交给持这种价值观的人。

本来，无印良品就是作为狭义上的设计的对立面而诞生的。1980年，针对为了销售而做的设计和以彰显设计师个性为目的的设计，提出了质疑，"设计根本不是这样的吧"，无印良品

無印良品の未来

　無印良品はブランドではありません。無印良品は個性や流行を商品にはせず、商標の人気を価格に反映させません。無印良品は地球規模の消費の未来を見とおす視点から商品を生み出してきました。それは「これがいい」「これでなくてはいけない」というような強い嗜好性を誘う商品づくりではありません。無印良品が目指しているのは「これがいい」ではなく「これでいい」という理性的な満足感をお客さまに持っていただくこと。つまり「が」ではなく「で」なのです。

　しかしながら「で」にもレベルがあります。無印良品はこの「で」のレベルをできるだけ高い水準に掲げることを目指します。「が」には微かなエゴイズムや不協和が含まれますが「で」には抑制や譲歩を含んだ理性が働いています。一方で「で」の中には、あきらめや小さな不満足が含まれるかもしれません。従って「で」のレベルを上げるということは、このあきらめや小さな不満足を払拭していくことなのです。そういう「で」の次元を創造し、明晰で自信に満ちた「これでいい」を実現すること。それが無印良品のヴィジョンです。これを目標に、約5,000アイテムにのぼる商品を徹底的に磨き直し、新しい無印良品の品質を実現していきます。

　無印良品の商品の特徴は簡潔であることです。極めて合理的な生産工程から生まれる製品はとてもシンプルですが、これはスタイルとしてのミニマリズムではありません。それは空の器のようなもの。つまり単純であり空白であるからこそ、あらゆる人々の思いを受け入れられる究極の自在性がそこに生まれるのです。省資源、低価格、シンプル、アノニマス（匿名性）、自然志向など、いただく評価は様々ですが、いずれに偏ることなく、しかしそのすべてに向き合って無印良品は存在していたいと思います。

　多くの人々が指摘している通り、地球と人類の未来に影を落とす環境問題は、すでに意識改革や啓蒙の段階を過ぎて、より有効な対策を日々の生活の中でいかに実践するかという局面に移行しています。また、今日世界で問題となっている文明の衝突は、自由経済が保証してきた利益の追求にも限界が見えはじめたこと、そして文化の独自性もそれを主張するだけでは世界と共存できない状態に至っていることを示すものです。利益の独占や個別文化の価値観を優先させるのではなく、世界を見わたして利己を抑制する理性がこれからの世界には必要になります。そういう価値観が世界を動かしていかない限り世界はたちゆかなくなるでしょう。おそらくは現代を生きるあらゆる人々の心の中で、そういうものへの配慮とつつしみがすでに働きはじめているはずです。

　1980年に誕生した無印良品は、当初よりこうした意識と向き合ってきました。その姿勢は未来に向けて変わることはありません。

　現在、私たちの生活を取り巻く商品のあり方は二極化しているようです。ひとつは新奇な素材の用法や目をひく造形で独自性を競う商品群。希少性を演出し、ブランドとしての評価を高め、高価格を歓迎するファン層をつくり出していく方向です。もうひとつは極限まで価格を下げていく方向。最も安い素材を使い、生産プロセスをぎりぎりまで簡略化し、労働力の安い国で生産することで生まれる商品群です。

　無印良品はそのいずれでもありません。当初はノーデザインを目指しましたが、創造的な省略は優れた製品につながらないことを学びました。最適な素材と製法、そして形を模索しながら、無印良品は「素」を旨とする究極のデザインを目指します。

　一方で、無印良品は低価格のみを目標にはしません。無駄なプロセスは徹底して省略しますが、豊かな素材や加工技術は吟味して取り入れます。つまり豊かな低コスト、最も賢い低価格帯を実現していきます。

　このような商品をとおして、北をさす方位磁石のように、無印良品は生活の「基本」と「普遍」を示し続けたいと考えています。

**"顾问委员会会议是有助于
价值观共享的平台。"**

金井政明

就是从这里开始的。

从广义上讲，经营也是一种设计。例如，现在会接到为车站、机场之类的公共设施提供设计的项目，或者香港的设计中心做了一个年轻设计师集会用的空间，想委托无印良品给这个住宿设施进行设计……而日本国内，则会去思考为了保护山林，除了金钱支援外还能做些什么，等等。

设计已经不再是对具体的个别商品的设计。现在正迎来一个连设计这个词语的使用方法都必须改变的时代。无印良品从很早以前就一直是这么认为的，从这个意义上讲，应该算是一个设计公司吧。

ND：可是，一方面宣称不执著于一个一个的设计，而另一方面却又连极其细致的地方都进行了设计，是吧。

——田中先生他们那个时代，某种意义上讲，是指节省设计，保持本来面目的那种设计行为。叫作"中途下车的商品开发"，例如从制作垃圾桶的 15 道工序中省去最后印刷标签的 3 道工序，指的就是这种做法。

然而，以中国为首的亚洲地区，工厂越来越多。改变生产的方法、节省生产工序的话，反而会导致成本提高。只是节省的话，这种做法已经不再有效了。

于是，与深泽先生、贾斯珀·莫里森 [Jasper Morrison]、恩佐·马里 [Enzo Mari]、康士坦丁·葛切奇 [Konstantin Grcic] 等各个领域的设计师一起进行重新设计。探讨是否可以从人的行为与物品之间的关系、与物品存在空间的关系等这些地方入手，再一次重新审视设计。深泽先生的 CD 播放器就是其中的一个典型，无论就设计的问题说得再多，其实很简单，孩子也好大人也好，谁都会在面对这个 CD 播放器时，想都不用想就去拉那根绳子——要的就是这样的设计。

ND：乍一看，好像并没有做什么设计，但却是与人的行为紧密联系在一起的设计，这就是第二波的设计吧。今后的发展方向是什么？

——就是 Found MUJI。事实上，将著名设计师的名号先于商品传达给人们，对无印良品而言就是一种风险。高调的设计在店铺里面过于显眼，感觉非常可怕。卖场里，过于精雕细琢、外形美观的物品多了，是会让人腻烦的。

在与世界各地的设计师一起工作的过程中，为了让特色变得柔和，便开始在全世界各地寻找那些作者不明的物品。这就是 Found MUJI。

尊重并对峙着

ND：与顾问委员会的关系以及作用是否有所变化？

——从我做商品开发的那个时候开始就是常务营业本部部长，一直在以相同的方式与他们密切往来。成为总经理之后也是如此。可以说，从我担任总经理那时开始，他们在公司里的定位就一直在变化。

顾问委员会会议每个月举行一次，从上午 8 点开始聚集在这里闲聊，而商品部、销售部、宣传贩卖促进部的部长级人员也来到这里。准备两个左右的主题，尽可能坦率地进行闲谈。相比在会议中决定什么，更重要的是，就价值观与时代气息互相进行正面交锋。当然，也有来自委员会成员的提案，如"因为有着这样的技术，要不要试试看？"之类的。

杉本贵志先生和我在性格上比较相似，当我们的职员表现得很像优等生般的发言时，他就会刻意地说些奇怪不解的话回敬他 [笑]。这种"摇摆方式"非常有意思。经常会引发我思考人性与资本理论之间的平衡关系。我认为这是非常重要的。

ND：对无印良品而言，顾问委员会是一个不可或缺的存在，那么会不会对他们产生过度的依赖，是否存在这样的风险呢？

——良品计划这边的董事会如果没有纯粹的思想、强大的轴心的话，是不行的。如果相互之间变成"老师，麻烦您"这样的关系，那就不行了。

※ 采访于 2014 年 4 月 30 日

以前大家都是称他们作"老师"的。但是，我称呼他们的时候，从来都只是在他们的姓后面加上"先生／女士"。当然，关于表现等问题，他们是专业的，托付给他们就好，但是无印良品整体的领导主轴还是要由我们这边来把控，这个前提下，与顾问委员会成员之间的这种尊重并对峙着的关系，是非常重要的。

1980
碎香菇

1982
自行车 [22型]

——无印良品的足迹——

从人气商品回顾
无印良品

从1980年创业以来，以独立的思想为基础，
不断提供以实现"感觉良好的生活"为目的的商品，
各个年代的成功商品中，有很多至今依然畅销。

1984
三轮车

1983

纸管
U字形
意大利面

西友的 PB"无印良品"诞生

开始销售服装

开始对合作商店进行批发

"无印良品青山"[直营1号店]开业

拓展以西友大型店铺为中心的专柜

无印良品事业部成立

海外生产供应[当地全线生产]开始

工厂直接订货等海外供应技术拓展

全球规模的材料开发

良品计划成立

1988

镀锡铁皮罐子

1989

铝制名片盒
铝制笔盒

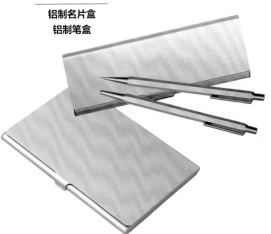

1991

带脚的弹簧床

1992

转动轴驱动的自行车

1996

户外用炊具
铝制ATB自行车

从西友取得"无印良品"的经营转让

海外 1 号店 [伦敦] 开业

更高品质的青色无印良品启动

大型整层的"无印 Lalaport"开业

成立 Ryohin keikaku Europe Ltd.

在日本证券业协会登录商标

鲜花店"花良"1 号店开业

获得 ISO9001 认证

东京证券交易所第二部上市

"无印良品 comKIOSK 新宿南口店"开业

1997

空气家具

1999

纸管儿童用组合式写字台·凳子

2001
便携灯

2004
木之家

2002
舒适沙发

2006
合脚直角袜

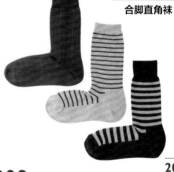

2008
香薰机

2009
壁挂家具

2011

可以自由调节拉杆
高度的硬质拉杆箱

2012

紧急回家救援工具箱/福
罐[照片里的是2013年版]

2014

空气净化器

设立 MUJI.net

"无印良品有乐町店"、"无印良品难波店"开业

开启新业务"眼镜"

设立 MUJI[Singapore]Pte.Ltd.

设立 MUJI ITALIA S.p.A 与 MUJI korea Co.Ltd.

获得德国"iF 设计奖·产品部门"五个金奖

第一届国际设计比赛"MUJI AWARD 01"

"MUJI 东京中城店"开业

"MUJI 新宿"开业，开启新型业态"MUJI to GO"

启动"生活良品研究所"

无印良品 30 周年

1 号店"无印良品青山店"转换成"FoundMUJI
青山店"

马来西亚 1 号店开业

无印良品的业务在中东启动

世界旗舰店"成都店"在中国开业

图书在版编目(CIP)数据

无印良品的设计 / 日本日经设计编著；袁璟，林叶译.
— 桂林：广西师范大学出版社，2015.12
ISBN 978-7-5495-7538-1

Ⅰ.①无… Ⅱ.①日… ②袁… ③林… Ⅲ.①日用品
—设计—作品集—日本—现代 Ⅳ.①TB472

中国版本图书馆CIP数据核字(2015)第275283号

广西师范大学出版社出版发行

桂林市中华路22号 邮政编码：541001
网址：www.bbtpress.com

出 版 人　张艺兵
责任编辑　王罕历 盖新亮
装帧设计　坂川荣治 坂川朱音（坂川事务所）
内文制作　裴雷思

全国新华书店经销

发行热线：010-64284815

天津市银博印刷集团有限公司

开本：880mm×1240mm 1/32
印张：6 字数：100千字
2015年12月第1版 2017年7月第3次印刷
定价：58.00元

如发现印装质量问题，影响阅读，请与印刷厂联系调换。